本书由国家自然科学基金面上项目（72074232）、国家自然科学基金重大项目（72091511）和国家杰出青年科学基金项目（71725005）资助

城市与区域资源代谢低碳管理

陈绍晴　陈　彬　著

科学出版社

北　京

内 容 简 介

　　城市既是资源压力与气候影响的一个重要来源，也是技术革新和解决方案的缔造者。本书从代谢的视角来系统性思考和探索城市及城市群的低碳资源管理问题。首先，本书对城市代谢的基本概念、研究方法与指标、追踪模型和应用场景等进行阐述；其次，以国内外城市和城市群中的能源、水资源、碳代谢过程与耦合关系为研究重点，从流量与结构、网络模式与功能、跨边界耦合效应等层面综合评估城市低碳表现；最后，基于成果提出未来展望和政策建议，为城市与区域的资源低碳可持续利用和协同管理提供科学参考。

　　本书适合普通高等学校生态环境、资源保护、经济管理、可持续发展等相关专业的师生作为研究和教学的参考，也可供"双碳"工作相关的管理和从业人员参阅。

图书在版编目(CIP)数据

城市与区域资源代谢低碳管理 / 陈绍晴，陈彬著. —北京：科学出版社，2025.1
　ISBN 978-7-03-074862-1

Ⅰ.①城…　Ⅱ.①陈…②陈…　Ⅲ.①节能-管理-研究　Ⅳ.①TK01

中国国家版本馆 CIP 数据核字（2023）第 028577 号

责任编辑：李　嘉／责任校对：姜丽策
责任印制：张　伟／封面设计：有道设计

科学出版社 出版
北京东黄城根北街 16 号
邮政编码：100717
http://www.sciencep.com
北京中科印刷有限公司印刷
科学出版社发行　各地新华书店经销
*
2025 年 1 月第 一 版　开本：720 × 1000　1/16
2025 年 1 月第一次印刷　印张：9 1/4
字数：185 000
定价：116.00 元
（如有印装质量问题，我社负责调换）

作 者 简 介

陈绍晴，中山大学碳中和与绿色发展研究院副院长、环境科学与工程学院教授、博士生导师。长期从事低碳经济与城市可持续发展研究。入选国家高层次青年人才计划，为广东省杰出青年基金获得者。在 *Nature Water*、*Nature Communications*、*Environmental Science & Technology*、《中国科学：地球科学》等期刊上发表论文，研究成果多次被国家部委和省市级政府批示和应用。任 *Energy，Ecology and Environment* 期刊副主编。

陈彬，北京师范大学生态环境治理研究中心主任、教授、博士生导师。国家杰出青年科学基金获得者，入选首届北京高等学校卓越青年科学家计划。长期从事环境生态系统工程教研工作，主持了国家自然科学基金重大项目、国家重点研发计划课题、863 计划重大项目子课题等。在 *Science* 子刊、*Nature* 子刊等期刊发表论文 300 余篇。

序

热浪、干旱、极端降水、森林野火、海冰融化、水资源短缺……气候异常引起的一系列极端现象正在全球范围内发生，且其强度和频率颇有增加之势。警钟在敲响，此时此刻，气候变化仍在全方位地增加人类健康和生态系统面临的风险。

2018 年，联合国政府间气候变化专门委员会指出，将全球升温幅度控制在比工业化前水平仅高 1.5°C 以内的水平，面临的挑战是空前的。时隔数年，由于全球温室气体排放量仍未到达下降的拐点，加上其在大气中的累积效应，气候变化应对行动进入"倒计时"阶段。当然，我们应看到，在气候变化问题上，科学共识、公众认知和政府行动也取得了前所未有的进步，"碳中和"时代也已全面开启。2023 年，联合国政府间气候变化专门委员会发布了第六次评估报告的综合报告，明确紧急气候行动可以确保人人享有宜居的未来，但要实现 1.5°C 温控目标，需要所有领域和部门深入、快速和持续"脱碳"。

温室气体减排是解决气候问题清晰且明确的思路和方向，对这一点我们应该有坚定的信念和充分的信心。党的二十大报告明确，"协同推进降碳、减污、扩绿、增长，推进生态优先、节约集约、绿色低碳发展"[①]。为此，我国已制定了"1+N"的顶层政策体系。

当然，碳达峰、碳中和是一项宏大的系统性变革。在现有成果的基础上，如何提出各领域共性化和差异化的减碳路径，如何提高减碳行动在不同部门间的协同程度，仍需要大量的研究工作来回答。该书首先理清了城市代谢的基本概念、研究方法、应用场景和数据基础，接着分析了国内外典型城市和城市群中的能源、水资源、碳代谢过程，根据资源流通的直接和间接关系探讨了经济社会各部门的依存关系，在城市内部和跨区域案例研究的基础上，提出了在城市与区域尺度上如何实现低碳协同管理的相关政策建议，以支撑我国资源利用实现全生命周期过程的碳达峰、碳中和目标。

[①]《习近平：高举中国特色社会主义伟大旗帜 为全面建设社会主义现代化国家而团结奋斗——在中国共产党第二十次全国代表大会上的报告》，https://www.gov.cn/xinwen/2022-10/25/content_5721685.htm，2023 年 11 月 1 日。

该书从城市及区域代谢的视阈，对分部门、分行业资源利用相关的减碳路径提出了一些有价值的思考。该书在城市碳管理、跨区域碳泄漏和部门减碳协作等方面得到的学术成果和提出的观点具有较为广泛的参考意义，应可在气候变化研究者和城市及区域管理者当中引起很强的共鸣。

在此，我想跟读者朋友们，仅分享一下我个人的理解和感受。从我的角度看，该书最为突出的创新贡献有以下几个方面。

第一点，该书所运用的"城市代谢"分析理论框架，与当下的生态治理系统观念高度吻合，对推进碳达峰、碳中和这一项系统变革有着重要的潜在价值。城市代谢分析框架可以耦合能源、水等各类资源利用过程，再进行系统模拟、组合优化。通过有机结合物质流分析、生命周期分析、投入产出分析、生态网络分析等分析工具，量化了直接或隐含在贸易中的碳代谢，对比国内外城市在碳代谢结构方面的差异性。作者所提出的城市碳代谢模型，不仅可用于评估城市整体系统与分部门的气候影响，还可以分析各部门在贸易网络中的相互控制和依赖关系。这在目前的城市碳管理的研究中是较为少见的，也是该书较为宝贵的一点。

第二点，该书的研究结果表明，无论是生产侧还是消费侧的碳排放核算和管理，都需要重点关注不同领域、不同部门之间的关系，理解并利用好"牵一发而动全身"的规律。比如，能源系统的低碳转型会传递至制造业和服务业自然资源利用的各个过程，从而降低下游行业的直接和间接碳排放。与此同时，制造业和服务业的升级改造，也将降低生产和销售各环节的物耗、能耗，需求的优化将反向推动能源系统的进一步转型。与之相对应，该书也发现单一行业的碳排放增加也会泄漏到其他行业，导致企业和产品的间接排放管理变得更为棘手。这些在该书都有详尽的数据支撑和案例分析，引导读者如何利用好"牵一发而动全身"的规律。

第三点，该书指出，对于城市群等跨区域尺度上的减碳，仍需要一个科学系统的评估框架和行之有效的协调机制。从城市到区域，不仅是地理尺度的上升，还触及制造业、建筑、交通、服务业等部门跨区域碳排放转移的新问题。从该书结果可以看出，在国内外几乎所有案例城市中，这些部门活动都高度依赖外部资源的输入，也伴随着向外的输出。因此，要实现更为系统有效的碳减排，除了城市自身"用功"，还需要上下游"助攻"。作者将城市间经贸关系和物流来往尤为紧密的城市群作为一个典型区域协同减碳问题来研究，提出了一个跨区域的模拟与评估框架，给出了"一体化"规划、建设和管理的相关协调机制政策讨论。

第四点，也是其他论著中较少体现的一点，是该书作者观察和分析城市低碳管理问题的"国际视野"。在探讨我国减碳路径时，我们既需根据国情确立自身应遵循的转型步伐和行动逻辑，也不应该脱离气候变化应对的"全球语境"。低碳发展是一个相对的概念，需要从国际国内的充分对比中观察和印证。作者运用碳通量、碳排放和碳汇等构成的指标体系，从多个角度对国内外城市碳账户进行了较为综合的对比分析。虽然不同城市所处的气候条件和发展阶段存在或大或小的差异，但该书研究仍可以给我国城市低碳评估赋予一个全球范围的参考系，指示我国在城市碳减排方面已取得的进展及尚存在的一些挑战。

上述几点成果在跨部门的减排协调机制，生产和消费侧低碳评估机制互补，实现全国"一盘棋"碳达峰、碳中和等方面有着重要的应用潜力，政策指向性和着力点清晰，可用于支撑推进区域间和部门间的协同减排相关政策制定，值得学界进一步探讨以及有关部门的重视和研究。

据我了解，陈彬老师、陈绍晴老师及其团队长期从事城市气候变化应对和韧性城市的研究工作，在创新和推广资源协同管理和城市低碳治理的理念上有诸多建树。该书即是其团队十余年研究实践所积淀而成的一个重要成果。该书立足于生态文明建设和碳达峰、碳中和目标的重大国家战略需求，综合运用环境管理学、产业生态学、气候变化经济学、城市生态学等诸多学科知识和工具，并基于理论方法、模型机理、研究案例和政策建议等多个维度，阐明了城市与区域碳减排方向和路径。全书知识发散但思路凝聚，对持续提升我国资源利用低碳可持续管理水平有重要启发。

最后，衷心祝贺该书的付梓。相信该书既可以作为科研院校各层次和各专业的学生了解城市碳减排相关知识的教学研究参考书，也可以为专业研究者和相关部门管理者提供诸多可借鉴的研究经验和观点。

是为序。

杜祥琬

中国工程院院士
国家气候变化专家委员会名誉主任

前　言

"不违农时，谷不可胜食也；数罟不入洿池，鱼鳖不可胜食也；斧斤以时入山林，材木不可胜用也。谷与鱼鳖不可胜食，材木不可胜用，是使民养生丧死无憾也""万物各得其和以生，各得其养以成"。早在战国时期，孟子和荀子等一批思想家就从敬畏自然出发，提出了资源保护与有度利用这一理念。

现如今，城市发展和城市化进程给人类带来巨大福利的同时，也以空前的速度消耗着自然资源，带来地区性的环境污染和全球性的气候变化等诸多问题。本质上，这依然是如何处理好人类发展和资源保护之间关系的问题。一方面，城市的建设使得大部分人的生活变得更健康、更方便且更容易获取先进的设施和服务；另一方面，缺乏有效管理的城市化可能带来突出的污染问题（如大气污染、水体污染、固体废弃物污染）和全球各类生态系统损伤（如生态功能退化、生物多样性锐减）。从地区到全球尺度，现代的城市居所对生态环境的改造（或影响）比农村居所更为显著和彻底。在城镇人口比例剧增的驱动下，城市土地类型和自然生态状况不断变迁，深刻地影响了城市系统及其周边自然生态系统组成的生物地球化学循环，威胁了地区和全球的生态安全。

习近平指出，"发展经济不能对资源和生态环境竭泽而渔，生态环境保护也不是舍弃经济发展而缘木求鱼"[①]，"山水林田湖草沙是不可分割的生态系统""像保护眼睛一样保护自然和生态环境"[②]。生态环境保护需要有系统思维，城市生态系统管理亦然。将城市作为一个整体的生态系统来进行分析和研究，已成为生态学家和城市科学研究者较为一致的认识。与一般的自然生态系统一样，城市在经济-社会-生态复合维度上也有其复杂的结构、过程与功能。早在 19 世纪后期，马克思在《资本论》第三卷中就提出并深入剖析了经济社会无序增长带来的社会-生态代谢断层问题，洞察到人与自然之间物质代谢的扰乱和破坏。Wolman（1965）将"代谢"这一来源于生物学的概念应用于城市物质流的定量研究中，量化了与城市生产和消费活动相关的社会经济和自然界物质流动。自此，大量学者开始把城市当作新陈代谢的有机体，研究其经济活动和生态过程中的能量物质输入和流出，

---

① 《习近平在 2022 年世界经济论坛视频会议的演讲（全文）》，https://www.gov.cn/xinwen/2022-01/17/content_5668944.htm，2022 年 1 月 17 日。

② 《习近平在"领导人气候峰会"上的讲话（全文）》，http://www.gov.cn/xinwen/2021-04/22/content_5601526.htm，2021 年 4 月 22 日。

以及其抽象结构和功能。代谢理论在分析城市生态环境问题中的价值也越来越得到学界的认可。

将城市作为一个代谢体进行研究已有较为坚实的理论与方法基础，并有学者将其与工程学、城市规划等学科知识相互融合且付诸实际应用。在应对全球气候变化的背景下，城市代谢研究进一步发展和创新的潜力巨大。相比于自然生态系统，城市生态系统具有更为动态多变的边界，对外界环境的依赖性更强，需要从边界以外汲取大量能源与资源。尤其是在贸易区域化和全球化的影响下，城市复合体不是"孤岛"，某一行业的生产需求变化不仅会影响其自身的资源利用和碳排放，还会通过产业链的前后向联系影响其他区域的其他行业，牵一发而动全身。以孤立的眼光实施城市内部的资源管理和减排策略，变得效率极低。因此，从全生命周期和全供应链的角度来研究城市资源利用综合表现、内部组分结构关系以及经济体与环境间的联系尤为重要。

本书即从全生命周期与上下游供应链的角度来思考和探索城市及城市群代谢问题的一个尝试。首先，本书对城市代谢基本概念与研究方法、追踪模型、交互过程、表现评估和管理应用进行了初步的阐述，试图回答"城市代谢理论是什么和为什么重要"的问题；其次，以多个国内外城市为研究案例，将能源、水资源、碳的代谢过程与耦合关系作为研究对象，从系统论和协同分析的视角，综合考虑各要素代谢网络的整体和分部门通量、边界流动、存量以及跨边界的资源环境耦合效应，探究代谢效率、韧性及其与城市资源低碳可持续利用的关系，试图回答"城市代谢研究方法怎么用和分析什么"的问题；最后，分析在应对全球气候变化的背景下，如何推动城市各类资源的高效利用与低碳管理，对取得的研究进展进行总结并提出未来研究展望，试图回答"城市代谢研究如何支撑资源低碳协同管理"的问题，以期为我国乃至全球城市的资源低碳可持续利用以及碳达峰、碳中和目标的实现建言献策。

各章节内容的主要贡献者如下：陈绍晴、陈彬（第 1 章）；陈绍晴、池韵雯、陈彬（第 2 章）；陈绍晴、龙慧慧、陈彬（第 3 章）；陈绍晴、龙慧慧、Fath B. D.、陈彬（第 4 章）；陈绍晴、陈彬（第 5 章）；陈绍晴、谭旖琦、刘竹（第 6 章）；陈绍晴、吴俊良（第 7 章）。全书由陈绍晴编写及统稿，并由陈彬审阅和订正。

感谢研究团队成员对本书各章节图表和文献等的协助整理。感谢中山大学环境科学与工程学院、北京师范大学环境学院、奥地利国际应用系统分析研究所、美国马里兰大学地理科学系等单位的老师和同事对著者城市代谢方面研究工作的大力支持以及对本书写作的重要帮助！

著　者

2024 年 6 月

目　录

第 1 章

本章科学问题：城市代谢的主要内涵是什么？它与可持续发展和资源协同管理存在怎样的关系？

绪 论

城市化在中国以及全球很多发展中国家都呈现出不可逆的趋势。1900 年，城市居民仅占全球人口的 10%，2022 年城市人口比例约为 57%（UN DESA，2022）。城市用地面积增加和碳库减少的现象在不断加剧，二者在亚洲、欧洲和美洲大部分地区的变化速率已成倍地超过人口的增速（Seto et al.，2012）。

城市实体是由密集的商业建筑、住宅和基础设施系统构成的整体，存在高度集中的物资投入和废弃物处理活动。尽管城市化本身并不是新的现象，但是现代城市正以过往无法预见的速度增长和扩张。因此，对于一些复杂的大型城市系统（如由中心城、卫星城和郊区等组成的高度组织化经济地理系统）而言，"都市区"可能是更加恰当的描述。居住在城市或都市区毫无疑问会给人们的生活带来极大的便利，并大幅提高工作效率。然而，公众和科研工作者普遍对由城市经济发展所引发的一系列环境问题感到担忧，认为不受任何约束的发展模式正在对我们赖以生存的自然生态系统施加巨大的压力。城市凭借着高强度的生产和消费活动，改变了能源和资源在不同部门和地域间的流通。对城市生产与消费活动进行更合理的规划和更科学的管理，对于实现全球可持续发展目标有重要的意义。

建立城市代谢理论与方法的目的在于量化、模拟和管理城市的能量流、物质流和信息流等要素，从而促进城市经济-社会-生态的协同可持续发展。本章通过阐述城市代谢的核心概念、方法以及其如何应用于系统可持续性模拟与评估，以介绍城市代谢研究所取得的进展，并分析城市代谢与可持续发展的关系及城市代谢与资源协同管理。首先，本章定义并图示了城市代谢的基本概念与相关术语，进而论述城市代谢研究的主要方法和指标，并比较了相关应用场景。其次，对城市代谢研究的代表性案例和代谢流类型等进行了梳理，并对城市代谢流核算的重要数据来源做了简要介绍。最后，从不同角度探讨城市代谢与资源耦合、可持续性评估之间的关系，以讨论城市代谢理论方法对于实现可持续城市规划与管理的重要性。

1.1　城市代谢概述

1.1.1　理论发展

"新陈代谢"是源自生物学研究的概念，通常被定义为有机生物体发生的同化异化、生长繁殖等涉及的化学过程的总和，最早于 1815 年由德国化学家希格瓦特提出（Foster，2000）。后来，李比希在《化学在农业和生理学上的应用》一书中使用了"新陈代谢"来揭示有机体与其所处环境之间的相互交换、相互作用（李比希，1983）。此时的新陈代谢概念具有生物学意义和生理学意义，用于描述动植物为了维持生存，在生命有机体内进行的一系列复杂的能量与物质交换的过程，包括物质代谢和能量代谢。

马克思继承和引用了自然界关于新陈代谢的概念，在 *A Contribution to the Critique of Political Economy* 一书中将商品交换描述为社会代谢的一种模式（Marx，1859）。他重点关注社会的新陈代谢，包括人类作为动物与自然二者之间的新陈代谢和各类经济社会活动的新陈代谢。在随后的《资本论》一书中，马克思进一步详细描述了经济社会无序增长带来的社会–生态代谢断层问题（Marx，1867，1894）。"生态系统代谢"的概念可以追溯到 20 世纪 30 年代，Tansley（1935）强调生物体（生物成分）和环境物理因素（非生物成分）的统一，定义"复杂有机体"和"生态系统"为一个单一自然系统。动植物和自然环境间的物质循环和能量流被认为是生态系统代谢的基本形式，这在一定程度上也适用于描述城市复合系统的活动。

针对城市快速的扩张和对资源的过度开采，Wolman（1965）率先对城市代谢进行定量分析，以一个一百万人口的假想美国城市为例，研究能量和物质代谢。不局限于生物学概念，城市代谢反映城市的物质使用、能源消耗和废物排放所有生态过程和经济过程的总和，体现人工生态系统的实际运作模式。图 1-1 为 Wolman 对于城市代谢的定量化解析，主要展示了水、燃料和食物三类物质（资源）的流入，以及废水、废气和固体废弃物三类物质的流出。基于这一定义，城市的物质、能量和营养物通量将被视作整个城市代谢大框架中的组成部分（Baccini and Brunner，1991）。在这些通量中，尽管有毒污染物在过去几十年中更受关注，但能源、水资源、物料等无毒物质当前也逐渐被纳入代谢分析的框架中（Ayres and Kneese，1969；Bolin，1970；Kneese et al.，1974）。

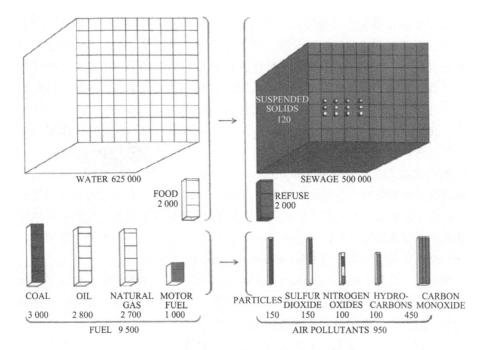

图 1-1　Wolman 对于城市代谢的定量化解析

资料来源：Wolman（1965）

WATER 即水；FUEL 即燃料；AIR POLLUTANTS 即空气污染；SEWAGE 即污水；FOOD 即食物；
SUSPENDED SOLIDS 即悬浮固体物；REFUSE 即废弃物；COAL 即煤炭；OIL 即石油；NATURAL GAS 即
天然气；MOTOR FUEL 即内燃机燃料；PARTICLES 即颗粒物；SULFUR DIOXIDE 即二氧化硫；NITROGEN
OXIDES 即氮氧化物；HYDROCARBONS 即碳氢化合物；CARBON MONOXIDE 即一氧化碳

　　自此，生态学家和城市学家一直在研究能够将城市视作代谢有机体的可行方法，并评估全球各地区城市在代谢过程中的结构和功能（Kennedy et al.，2007）。在理论与方法层面上，不少学者研究社会代谢与生态代谢，追踪能量流与物质流的投入、产出和相互作用（Fischer-Kowalski，1998）。

　　城市化对气候变化的影响直到 20 世纪末才被明晰，结果表明城市或大都市区是二氧化碳最大的排放源（O'Meara，1999），对改变全球碳循环格局产生了重要影响（Churkina，2008）。在全球变化背景下，城市代谢与碳排放之间的密切联系使得碳代谢研究变得空前重要。追踪城市代谢系统中的碳通量和路径将有助于规制人为碳排放，厘清各部门的减排责任。可以说，城市代谢理论与方法翻开了碳平衡研究和城市可持续发展研究的新篇章。

1.1.2　相关术语定义

　　城市代谢（urban metabolism，UM）指的是城市中所有与生产和消费活动相关的能量或物质的技术流及经济流环节的总和，具体来说，是指城市从其他经济体进口或者由自然生态系统输入原材料和产品（相当于有机体的"同化"过程），经过城市经济部门之间的资源分配、产品加工转换、服务交换，形成一定的能量和物质储存（相当于有机体的成长发育过程），最后以产品出口或者废弃物排放的形式（如以气体、液体和固体废弃物的形式，相当于有机体的"异化"过程）离开城市边界（或者资源化利用后再返回城市内部）的过程（Wolman，1965；Kennedy et al.，2007；Warren-Rhodes and Koenig，2001）。这是在早期的城市代谢概念提出后，经过多次改进形成的内涵。

城市代谢系统（urban metabolic system，UMS）是以代谢的结构、过程和机制为研究目标或对象的开放型城市复合体。城市代谢系统由相互耦联的城市经济子系统、社会子系统和自然生态子系统组成，系统内部持续消耗能源、食物和其他库存中积累的能量和物质，在城市经济体中相互作用，最后向大气、水和土壤排放各类废物并与外界发生交互作用（Ferrão and Fernandez，2013）。

城市代谢网络（urban metabolic network，UMN）是从系统论（systems theory）视角来研究城市代谢系统的派生概念，其主要目的是刻画城市代谢系统内各组分间的复杂过程、依存关系和系统整体表现。图 1-2 展示了一个典型的城市代谢网络范式结构，它由内部相互紧密关联的经济社会部门构成，通过输入和输出的环境元与其他地区交换能量和物质。代谢网络是学者应用生态网络分析研究城市代谢后所提出的概念，用于描述通过不同路径产生直接和间接作用而相互耦联的城市代谢系统，以及由此产生的各经济社会部门的相互控制依赖和效用关系。城市代谢网络可用于识别系统层面的代谢结构和功能特征（Chen S Q and Chen B，2014）。例如，图 1-3 展示了其中一种形态的碳代谢网络（Chen S Q and Chen B，2012）。该碳代谢网络由相互间存在碳转移的城市系统各组分构成，包含农业，能源生产业，建筑业，工业、贸易和服务业，水和土壤等经济部门与居民消费业、本地环境、外部环境等之间，以及本地环境与外部环境之间的碳流动和交换〔可以是物质碳流（physical carbon flow）或隐含碳流（embodied carbon flow）〕。

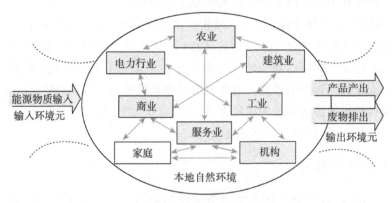

图 1-2　城市代谢网络的一种典型范式结构

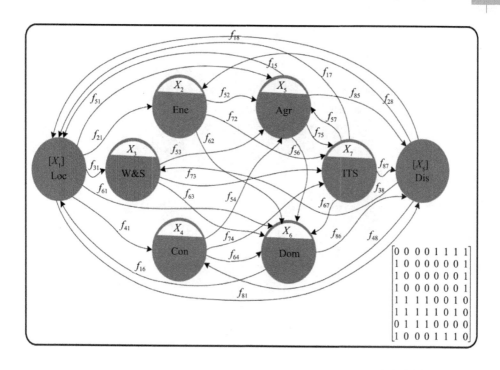

图 1-3　城市自然–经济部门组成的碳代谢网络结构示例

资料来源：Chen S Q 和 Chen B（2012）

f_{ij} 即碳流（$j{\rightarrow}i$）；X_i 即部门存量；$[X_i]$ 即环境容量；Loc 即本地环境；Con 即建筑业；Dom 即居民消费业；Ene 即能源生产业；Agr 即农业；Dis 即外部环境；W&S 即水和土壤；ITS 即工业、贸易和服务业

体外代谢（exosomatic metabolism）和体内代谢（endosomatic metabolism）指的是新陈代谢的外部交换和内部互动过程，多用于评估代谢系统的环境压力和可持续性。Lotka（1956）将社会实体代谢分为两个部分，一部分与内部社会经济活动相关，类似于人体内脏器官；另一部分与外界环境交互相关，如基础设施和技术设备的进口，类似于人造外脏器官。Georgescu-Roegen（1971）将"体外代谢"和"体内代谢"这两个概念用于描述经济社会系统，面向经济和生物物理过程的可持续性，实现内部和跨边界能量流、物质流的量化。在多尺度代谢分析中，Ramos-Martin 等（2007）将人类社会的代谢定义为"一个社会所需的能量和物质的持续转移过程"，并量化了经济系统的"体外"能源代谢。

上述城市代谢相关概念关系如图 1-4 所示。城市代谢网络是城市代谢系统的结构模型，分为体内代谢和体外代谢两部分研究内容，反映城市代谢系统的表现。上述概念与其他的城市代谢术语共同构成用于描述城市增长和发展的重要体系，被越来越多地嵌入城市生态学和工业生态学研究中。

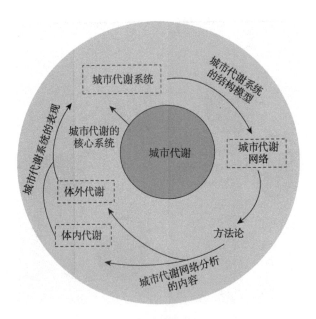

图 1-4　城市代谢相关概念的关系

1.1.3　分析方法和指标

选择合适的方法和指标来测度和评估城市代谢效率与可持续性是改善城市资源利用管理和废物排放控制的重要步骤（Ferrão and Fernandez，2013）。目前的方法包括：①以代谢强度为导向的物质流分析（material flow analysis，MFA）（Fischer-Kowalski，1998；Warren-Rhodes and Koenig，2001）、能值分析（emergy analysis，EMA）方法（Huang，1998；Huang and Chen，2005）、生命周期分析（life cycle assessment，LCA）和投入产出分析（input-output analysis，IOA）等。②以代谢结构与功能为导向的生态网络分析（ecological network analysis，ENA）方法。这些方法作为自然和社会交互关系的重要核算与模拟工具，已被广泛应用于分析城市内部和跨边界的能源消耗、碳排放、水资源利用和环境可持续发展等问题。

在早期的代谢研究中，主要是基于调研与监测数据来测量城市物质平衡和各类资源的流动通量（Pouyat et al.，2002；Pataki et al.，2005；Turnbull et al.，2006；Levin and Karstens，2007a，2007b）。此后，城市代谢研究逐渐转向将城市视为存在广泛内在联系的生态系统进行评估（Pickett et al.，2001；Pataki et al.，2006）。以碳排放为例，在城市代谢框架内，学者主要依赖能源消耗、资源消费和废物输出的清单（能源流和物质流）来追踪和计算对应活动的二氧化碳等温室气体排放（Kennedy et al.，2009，2010；Ramaswami et al.，2008；Kaufman et al.，2008）。该方法在早期作为问题识别的首要工具，使得将代谢概念应用于城市评估成为可能，如碳的代谢量（Baccini and Brunner，1991；Sahely et al.，2003）。然而，除了代谢系统的输入和输出以外，城市代谢系统内部的交互作用和结构信息的缺失削弱了对部门层面微观调控的环境决策支持。此外，传统代谢评估缺乏对经济贸易的间接效应的考虑，然而，在当前的资源管理中，跨部门和跨边界资源流通的间接效应尤为重要（Schramski et al.，2006）。

城市代谢研究常用的几种方法介绍如下。

物质流分析是一种用于分析经济社会系统（国家、城市等）中各类物质或者元素流通过程的方法。这些过程包括物质开采、制造、加工、消费、回收、排放与废物处理等流动环节和相应的储存环节。物质流分析可用于核算基于物理单位的相关物质的消耗（Obernosterer et al.，1998；Ayres R U and Ayres L W，1998）。常用的指标包括总物质消耗、有用物质消耗、资源利用效率、年废物产生量和回收率等。传统的物质流分析关注系统生产过程中的资源消耗和物质循环，当前已经扩展到对环境影响和社会经济系统的可持续性的评估（Kennedy et al.，2007；Brunner and Rechberger，2002）。物质流分析是研究城市代谢的基本工具，适用于测度经济社会活动导致的城市环境压力的变化，并识别出更低消耗、更高效率和更低碳的生产和消费路径（Piña and Martínez，2013）。

能值分析以太阳能能值为基准，使用能量转换率来表示不同生态流（能量流、物质流、货币流）。它是理解自组织系统行为、评估生态商品与服务以及分析生态和经济耦合系统的一种方法（Hau and Bakshi，2004）。能值分析可应用于评估人工系统或复合系统的能源效率、资源的可再生性和可持续性（Huang，1998；Su et al.，2009），能够从更广泛的视角比较城市系统或特定部门，这既包含城市生产消费活动的各环节，也追踪产品形成的自然过程（Jiang et al.，2009）。基于能值的指标已经应用于分析多类城市资源环境问题，包括可再生资源与不可再生资源的比例、系统产出投入比、能源的转化率、环境负载与系统可持续性（Chen S Q and Chen B，2012；Qi et al.，2017；Tang et al.，2020；Zhang et al.，2009）。

生命周期分析是一种综合评估产品（或服务）体系在其整个生命周期（从原料的获取、产品生产至产品使用后的处置全过程）中的所有投入及产出所造成的潜在环境影响的方法（ISO，2006；Chen B and Chen S Q，2013；Lundin and Morrison，2002）。有学者指出，将生命周期分析应用于城市代谢研究有助于全面核算城市代谢活动对环境的影响，从而增进对城市环境可持续性的理解（Pincetl et al.，2012；Chester et al.，2012）。将城市资源流通置于生命周期分析的框架中可衍生出新的城市代谢视角——不仅考虑本地生产和资源利用带来的直接影响，还考虑隐含在城市消费活动中的上游和下游的环境影响。比如，Goldstein 等（2013）将生命周期分析引入城市代谢的分析框架，测算了全球不同城市的物质流与能量流所产生的直接和间接环境影响比重。

投入产出分析是一种经济数量方法，它从以部门为生产单位的生产技术联系出发，基于整体技术和数量结构平衡的理论体系，揭示了经济体系循环结构的规律。该方法常用于研究经济系统各组分间的投入和产出相互依存关系（Leontief, 1951）。环境扩展投入产出分析关注的对象包括国内和国际贸易中各部门间经济关系，以及它们对特定自然资源（如矿产资源、水资源）或环境污染（如大气污染、碳排放）的影响（Davis and Caldeira, 2010; Feng et al., 2014b; Guan et al., 2014; Liang et al., 2014; 梁赛等, 2016）。由于在城市尺度上缺乏物质的投入产出数据，学者不断开发降尺度（亚国家尺度）的经济贸易投入–产出数据以用于城市代谢分析，例如，将货币型投入产出表转换后应用于评估城市碳足迹或其他环境足迹的强度、模式和机制等（Chen et al., 2015; Liang and Zhang, 2012; Minx et al., 2009）。

生态网络分析是一种用于识别生态系统或复合系统中物质和能量流动相关信息的方法，可用于定量研究系统内部各组分（区室）间的相互作用关系以及系统的整体表现（Fath and Patten, 1999）。生态网络分析通常分为环境元分析和上升性分析，从网络整体状况和网络内部节点间的相互作用等方面开展研究（李中才等, 2011; 张妍等, 2017; Fath and Patten, 1999; Ulanowicz, 1986）。系统内动态属性通过网络结构和功能分析方法（如流通分析、网络效用分析、网络控制分析）来识别。目前已有研究应用生态网络分析来构建城市代谢网络模型，以分析城市部门与城市系统属性间的相互作用和控制关系（Chen S Q and Chen B, 2012; Zhang and Chen, 2010）。该方法也被广泛用于分析城市能源和水资源等要素的代谢过程（Zhang et al., 2010a, 2010b; Liu et al., 2011）。由于在计算系统结构和直接/间接代谢流的独特优势，生态网络分析受到越来越多的关注。目前已有该方法和相关软件的详细介绍（Fath and Patten, 1999; Fath and Borrett, 2006; Kazancı, 2007; Schramski et al., 2011）。

表 1-1 简要介绍和比较了城市代谢研究方法的主要计算指标和应对的问题。值得注意的是，每种方法的侧重点不同。传统物质流分析仅关注系统内部的资源利用率和物质循环程度（黄晓芬和诸大建, 2007; 孙磊和周震峰, 2007; Ayres R U and Ayres L W, 1998; Brunner and Rechberger, 2002; Warren-Rhodes and Koenig, 2001）。一些学者指出将物质流分析、投入产出分析和生态网络分析相结合，可用于综合评估物质足迹和环境影响。能值分析主要关注可再生资源、不可再生资源和系统产出，以及城市系统的可持续性等问题（Huang, 1998; Su et al., 2009; Jiang et al., 2009）。生命周期分析通过纳入各种环境类别的生命周期影响以及城市的可持续性等指标，计算下游和上游活动对城市足迹的影响程度（Pincetl et al., 2012; Chester et al., 2012; Goldstein et al., 2013）。投入产出分析不仅可以计算直接物质流和能量流，还可以通过边界贸易值和部门关系计算间接代谢流，

因此该方法已被广泛地用于不同尺度的碳足迹、水足迹和环境影响分析（Athanassiadis et al.，2018；Chen et al.，2015；Dias et al.，2014；Liang and Zhang，2012；Minx et al.，2009）。生态网络分析是一种基于系统生态学的模型方法，它可以在追踪组分间物质能量流动的基础上模拟分析系统的结构和功能。与物质流分析和投入产出分析相比，生态网络分析可以揭示部门间以及城市经济体与环境之间的直接和间接关系，进而追踪物质在网络中的可控性（Bodini et al.，2012；Chen S Q and Chen B，2012；Tan et al.，2018；Zhang et al.，2010a）。整合多种方法与指标于社会经济代谢的同一框架内，被视作实现城市可持续发展评估和管理的重要发展方向。例如，能值分析可以通过考虑不同类型燃料的使用情况来核算城市直接和最终能耗。基于此，投入产出分析可以追踪部门直接和间接作用以及生产供应链，来模拟与量化用于城市生产商品和服务的总能耗。同时，结合生态网络分析可以进一步识别、控制和调节城市内部能耗的路径。将物质流分析、生态网络分析和投入产出分析融合后所形成的框架，可以用于模拟城市能源消费的不同部门间的整合控制关系（包含直接和间接控制关系），并为城市部门的碳减排提供理论和方法依据。将多种模型方法集成可以为城市代谢系统各层面提供更综合的分析，从而有力支撑资源可持续利用和低碳社会发展。

表 1-1　城市代谢研究涉及方法比较

方法	主要计算指标	主要应对问题	参考文献
物质流分析	物质总需求、直接资源输入、总物质消耗量、有用物质消耗量、水资源利用量、废物产生量、资源生产率和代谢强度	城市消耗了多少物料和能量，产生了多少各类废弃物	黄晓芬和诸大建（2007）；孙磊和周震峰（2007）；Ayres R U 和 Ayres L W（1998）；Brunner 和 Rechberger（2002）；Warren-Rhodes 和 Koenig（2001）
能值分析	可再生–不可再生资源比率、系统投入–产出比率、能量转化率（能值转化率）、环境负载和系统可持续性	考虑可再生资源、不可再生资源和系统产出，城市系统的可持续性如何	Huang（1998）；Su 等（2009）；Jiang 等（2009）
生命周期分析	各种环境类别的生命周期影响以及城市的可持续性	下游和上游活动对城市足迹的影响程度	Pincetl 等（2012）；Chester 等（2012）；Goldstein 等（2013）
投入产出分析	城市消费的环境影响，物料的直接和间接流动	与其他经济体的贸易如何影响城市消费的规模	Athanassiadis 等（2018）；Chen 等（2015）；Dias 等（2014）；Liang 和 Zhang（2012）；Minx 等（2009）
生态网络分析	代谢强度、密度、部门之间的相互关系、通量、控制依赖关系和效用分析	城市部门之间的关联关系如何，城市的整体表现如何	Bodini 等（2012）；Chen S Q 和 Chen B（2012）；Tan 等（2018）；Zhang 等（2010a）

与上述方法相对应，城市代谢研究还有一套用于衡量可持续性的导向指标，这些指标能在环境、经济、社会或技术改进等领域的宏观调控和管理方面提供信息，因此被视作政策制定和公共交流的有力工具（Singh et al.，2009）。为了聚焦于衡量整合的环境和社会的可持续性，生态学家开发了面向城市生态系统的可持续性晴雨表。例如，生态学指标包括能值分析中的热力学指标（有效能、能值、熵和功率）、信息论中的信息指数（物种丰富度、香农指数、支配地位）、生态网络分析中的网络导向指标（间接效应、循环指数、协同作用）、生态动力学导向指标（缓冲容量、恢复力、生态足迹）以及生命周期影响类别等。计算上述指标本质上是为城市决策者提供短期或长期的自然–社会综合系统（如水资源利用系统、湿地系统、农业系统、能源生产系统、工业园区和社区）的综合评估结果（Ness et al.，2007）。尽管在应用这些生态指标于可持续发展科学时可能存在不同假设和结果的影响，但其目的是实现人类更高的生活质量和降低对周围自然系统的环境影响（或负反馈）。可持续发展科学的基本规则之一是有效管理资源和资本的消耗，以确保当前和未来的可持续利用（Costanza，1992）。目前，这些研究方法与指标已涵盖多个尺度（如家庭、街区、行业、园区、城市和城市群等）下的经济社会代谢。通过分析城市在不同尺度下的相关代谢模式，学者可以进一步探究实现城市可持续发展的路径。

1.2　城市代谢与可持续发展

可持续性的概念源于人类对当前和未来的生态环境挑战的应对需求。该概念于1972年6月5日至16日在斯德哥尔摩召开的联合国人类环境会议中提出，强调"必须实现发展的权利，以公平地满足现今和后代的发展和环境需要"。2015年联合国颁布的《2030年可持续发展议程》共确立了17项可持续发展目标（sustainable development goals，SDGs），致力于通过同时确保经济发展、社会进步和环境保护三个方面来实现可持续发展。比如，SDG 11是其中的第11项目标——"建设包容、安全、有抵御灾害能力和可持续的城市和人类住区"（UN HABITAT，2016），突显了城市议题在可持续发展进程中的重要性。

城市既是地区乃至全球环境问题的来源，也是解决这些环境问题的关键所在（Grimm et al.，2008）。城市的发展和扩张速度极快，其密集的消费与生产活动成为物质和能源利用的强大驱动力。城市生态学家建议使用"城市的生态学"（ecology of city）而不是"城市当中的生态学"（ecology in city）来探求人类对城市生态系统影响的理解和解决环境问题的方案（Grimm et al.，2000；Pickett et al.，2011）。可以说，这种观点的本质就是将城市本身当作一个有机体或者整体代谢系统来管理，而不是将其各个代谢要素单独割裂开来看。城市代谢的概念和理论在过去几十年中促进了学界对城市生态系统结构和功能的理解，并拓展了城市与区域生态–经济–社会可持续性的定量评估方法。

对应用城市代谢的概念和方法于城市可持续性评估与管理已经有所讨论。Newman（1999）提出"扩展的代谢模型"，将城市可持续性目标定义为：提升城市宜居性的同时减少对自然资源的占用和废物的产生。Newman（1999）确定了在城市系统研究中可应用城市代谢概念的几个潜在方面，包括：①能源和空气质量、水；②物质和废物；③土地、绿地和生物多样性；④交通运输；⑤宜居性、人类舒适度和健康。Kennedy 等（2011）总结了城市代谢在可持续发展方面的四个实际应用：提出城市可持续性指标、核算城市温室气体排放、构建政策分析的动态数学模型、建立可持续设计的方法工具。此外，Stimson 等（1999）提出将生活质量纳入城市代谢的问题，不仅强调了环境可持续性，还强调了城市宜居性和长期生存能力。Krajnc 和 Glavic（2005）则从社会、经济和环境三个方面进行层次分析并对正负指标进行归一化和加权，通过对子指标的数值进行加和得到一个综合可持续性指数。能源和物质消耗管理是城市政策制定者主要关注的可持续发展问题之一。Barles（2010）认为能值分析和物质流分析有利于调整当地利用自然资源的行为从而减少城市的环境压力。Wachsmuth（2012）将城市代谢应用于人类生态学、工业生态学和城市政策生态学三个不同生态学科中，以探讨如何建立社会发展和自然保护的平衡。城市可持续性代谢着眼于解决城市范围内资源利用问题和其他相关的社会经济环境挑战，将线性代谢（如资源—消耗—废物）转变为循环代谢，以达到减少环境压力与损害的目标（Ferrão and Fernandez，2013）。

在城市层面研究人类主导的系统的可持续性，对于在可行的框架内找到平衡经济发展和生态系统健康的方法至关重要。在多元化社会的发展中，我们面临着一系列难题，如全球气候变化、资源短缺和发展不均衡等（Churchman，1967；Rittel and Webber，1973；Xiang，2013）。因此，我们亟须寻求适当的方法来缓解甚至解决这些问题（Rittel and Webber，1973）。这就需要从不同角度来思考生态系统的结构和功能，以实现城市区域的可持续管理与规划（Chen S Q and Chen B，2014；Feng et al.，2013；Su et al.，2012）。

通过整合不同的方法，城市代谢能够在生态、环境、经济和地理等领域内解决如能源消耗、碳排放、水资源综合利用和区域可持续发展等问题。例如，Chen等（2020b）结合物质流分析、生命周期分析和投入产出分析方法，系统追踪了全球城市碳流量和存量变化，并量化了其对未来气候变化的潜在影响，为全球城市低碳发展路径的差异化选择提供科学依据。Chen S Q 和 Chen B（2012）应用生态网络分析对城市代谢系统的经济部门和终端使用者建立碳循环模型，通过调整部门经济活动来评估减碳成效。Chini 和 Stillwell（2019）基于物质流分析等多种方法，从水资源、食物、燃料和建筑原料四个方面评估了人口过百万的典型美国城市代谢系统，并且在传统直接物质代谢分析基础上加入隐含流分析。

在应对来自城市化和全球气候变化挑战的过程中，城市代谢研究的核心任务之一是通过融合多个面向可持续发展的学科，整合不同的可持续指标和模型，厘清生态–环境–经济要素间的关系，进而将其应用于城市资源管理与经济社会规划中。例如，Ziebell 和 Singh（2018）引入不同的能源指标（能源消耗、能源回收、能源转化和能源开采）和六个物理基础设施范围（供水、废水处理、固体废弃物管理、能源供应、食品供应和运输系统），整合了城市基础设施物质流和能源流的代谢过程，以克服可持续城市建设进程中的复杂挑战。Li 等（2021）基于克莱伯定律（Kleiber's law）建立城市空间碳代谢类比模型，利用杭州市的城市建设用地面板数据分析不同类型城市建设用地的规模与碳排放间的关系，有助于政府针对城市扩张和低碳可持续性发展制定差异化政策。Chrysoulakis 等（2013）尝试通过分析环境要素（能源、水、碳和污染物的通量）与社会经济要素（投资成本、住宅、就业等）之间的交互关系，建立城市景观属性和系统输出（产品、污染等）与可持续决策之间的关联。

1.3　城市代谢与资源协同管理

城市从其周边环境和世界其他地区获取各类自然资源。研究这些资源流的转移与交互方式对于理解城市可持续性问题至关重要（Villarroel Walker et al., 2014）。健康的城市代谢系统要求其在满足人类发展需求的同时，减轻对自然生态系统的影响，可持续地获取和利用能源与资源。在制定涉及多类资源的政策时，需要解决社会经济代谢各资源要素间的相互交织、相互制衡的核心问题。

城市耦合（urban nexus, UN）嵌入在城市代谢概念之中，用于分析多个尺度下能流和物质流错综复杂的流通、转换和循环的问题，以实现城市多类资源和环境问题的协同治理。与传统城市研究强调单一因素（如能源、水、土地、碳等）的评估与管理不同，城市耦合强调多因素间的内部关联，重点关注各社会经济部门通过全供应链（如开采、供应、分配、终端使用、处置等）纽结而成的路径。后者更多运用系统的方法来优化整个城市系统各部门以及城市与其他区域的关联，聚焦于各类资源代谢的动态交互，而不仅仅关注城市生态系统中单一因素变动所产生的影响。

能–水耦合正是一个典型的协同治理问题。世界上有约 90% 的产能过程为水密集型，这直接导致全球每年取水量约有 15% 需用于能源供应（UNESO, 2014）。同时，供水、输水、净水和污水处理等水资源利用过程也需要消耗大量的能源（包括电力），带来大量的碳排放（Lundin and Morrison, 2002; Stokes and Horvath,

2009）。在实际情况中，能源系统耗水、水资源系统耗能和碳排放在城市生产和消费活动中频繁地交织在一起（Zhang et al.，2014）。这种交织不仅因为它们在经济社会活动中同时存在，更因为其在产品生命周期中能源代谢、水资源代谢和碳代谢的高度耦合。许多水密集型产业（如农业、食品加工业和水泥生产加工业等）也属于高耗能与高碳排放的产业。

近年来，城市耦合代谢分析的发文量剧增，相关研究已成为国际前沿和热点（Mo et al.，2014；Zhang et al.，2014；Zhou et al.，2016；Chen S Q and Chen B，2016a；Ramaswami et al.，2017a）。当公众和科学界意识到两种资源可能都非常紧缺时，他们开始反思如何处理能源与水资源之间的矛盾（Gleick，1994；Camagni et al.，1998）。当前的耦合研究集中在能源生产过程中的水资源消耗与水资源供应过程的能源消耗上（Mo et al.，2014；Fulton and Cooley，2015；Lee et al.，2017）。在其他研究中，食品供应（Bazilian et al.，2011；Ramaswami et al.，2017a）、土地使用（Giampietro et al.，2014）与空气质量（Qin et al.，2018）等也常被纳入耦合资源环境研究中。由于碳排放与气候变化政策具有很强的相关性，许多研究已将碳排放纳入能–水耦合关系的分析（Venkatesh et al.，2014；Zhang et al.，2014）。例如，Liang 等（2022）建立了能–水–碳耦合系统的机会约束分式规划模型，并将该模型应用于解决长三角城市群能源相关的水资源短缺和碳减排问题。但在很多情况下，降低能耗和保护水资源并不容易同步实现，甚至可能存在相互竞争的情况，而且两者的碳减排机制也不同（林伯强和刘希颖，2010；Feng et al.，2014c）。

尽管对于城市中能源、水资源和粮食等的消费模式与经济社会驱动因素已经有较长时间的探讨，但直至资源耦合管理模式被提出后才得到较为系统的研究（Beck and Walker，2013；Kenway et al.，2011）。学界意识到研究城市生态系统中不同社会经济因素和自然因素的耦合，以及揭示这些耦合关系在城市可持续发展管理中的重要性。例如，有学者研究了能源消耗与经济增长（Apergis and Payne，2009）、水资源消费（Stillwell et al.，2011）、环境排放（Apergis and Payne，2010）间，甚至贫困与气候变化间的关系（Casillas and Kammen，2010）。一些学者认为，在城市代谢中，融入能源–水–粮食–营养物质间的耦合研究非常必要（Barles，2007；Villarroel Walker et al.，2014）。现代城市在设计基础设施和服务时需加强循环型的代谢以减少对自然环境的影响。在美国，水资源和废水处理消耗的能源占市政设施所消耗能源的 30%~40%（US EPA，2012）。即使家庭能够便捷、廉价地使用大量的水资源，但由于与水净化处理相关的能源消耗巨大，制订细致的节水和水资源循环规划对于节能减碳仍然是必要的。耦合研究能够清晰地揭示城市系统各类资源之间的消耗关系，有利于协同降低各种环境足迹，提升经济发展效率。

在经济贸易全球化和资源流通链条复杂化的背景下，将城市耦合整合至代谢框架中，有重要的现实意义。利用耦合代谢方法，可以评估经济活动、资源利用过程及其与环境的交互，揭示城市不同资源要素之间在时间与空间尺度上的关联。能流和资源流耦合代谢分析结果可用于寻求能源利用规划、水资源综合利用规划、气候变化应对和健康城市建设的最大公约数。随着城市化和数字化的发展，可以依赖更智能、更透明的技术手段来实现资源利用的监测和同步管理，充分发挥"1+1>2"的协同资源增效和"(−1)+(−1)<(−2)"协同环境减排两个效应。

1.4　城市代谢的案例与数据

由于城市尺度数据较为稀缺，地方案例成为代谢研究的重要参考。表 1-2 展示了部分代谢研究中涉及的典型城市（所在国家）、年份和代谢流类型。这些研究涉及的代谢流包括总物质、能源、水、废物、碳、氮、磷和其他物质或元素。从 20 世纪 70 年代至今，城市代谢的各类量化研究呈现显著增长趋势，其中基于强度的代谢方法（如物质流分析）和基于结构与功能的代谢方法（生态网络分析）覆盖的城市及区域范围甚广。

表 1-2　城市代谢研究部分代表性案例

城市（所在国家）	年份	代谢流	参考文献
悉尼（澳大利亚）	1970~1990	能源，水	Newman（1999）
香港（中国）	1971~1997；2012	碳，氮，磷，物料，能源；能源，水，碳	Warren-Rhodes 和 Koenig（2001）；Chen 等（2019b）
巴塞罗那（西班牙）	1985	水	Stanners 和 Bourdeau（1995）
多伦多（加拿大）	1987~1999；1990~2004	能源，物料；食物中的氮	Sahely 等（2003）；Forkes（2007）
洛杉矶（美国）	1990~2000	物料，能源	Ngo 和 Pataki（2008）
利默里克（爱尔兰）	1996~2002	废物	Browne 等（2009）
台北（中国）	1991~1998	资源	Huang 和 Hsu（2003）
伦敦（英国）	1991	能源	Lawrence 等（2001）
赫尔辛基（芬兰）	1993	能源	Stanners 和 Bourdeau（1995）
斯德哥尔摩（瑞典）	1995	磷，碳，铅，锌	Stanners 和 Bourdeau（1995）
菲尼克斯（美国）	1996	氮	Lawrence 等（2001）
开普敦（南非）	1996~1998；2013	能源，总物料，水；物料，水，碳，废物	City of Cape Town（2007）；Hoekman 和 von Blottnitz（2017）
约克（英国）	1999	总物料，能源，水	Barrett 等（2002）
新加坡市（新加坡）	2000	物料，废物	Schulz（2002）

续表

城市（所在国家）	年份	代谢流	参考文献
巴黎（法国）	2003	物料，废物	Barles（2009）
里斯本（葡萄牙）	2004；2011~2018	物料，能源；能源，水，废物	Niza 等（2009）；Angeliki 等（2022）
海防市（越南）	2005	氮，磷	Aramaki 和 Thuy（2010）
纽约（美国）	2005~2007	能源，碳	UN HABITAT（2011）
曼谷（泰国）	2005~2010	能源	Phdungsilp（2006）
北京，上海，广州，包头（中国）	1990~2004	能源，物料	Zhang 等（2009）
上海（中国）	2006；2001~2013	碳，氮；土地	Singh 和 Kennedy（2018）；Lu 等（2016）
北京（中国）	2012；1990~2010；1978~2015；2012	能源，水，碳；土地；食物，水，碳；水，碳	Yang 等（2018）；Xia 等（2016）；熊欣等（2018）；Zhang 等（2014）
合肥市肥西县（中国）	2008	磷	Wu 等（2012）
基苏木（肯尼亚）	2009	水	Sima 等（2013）
阿尔巴雷托，萨尔马托，拉韦纳（意大利）	2010	水	Bodini（2012）
库里蒂巴（巴西）	2000~2010	物料，水，废物，碳，硫，磷，能源	Conke 和 Ferreira（2015）
斯德哥尔摩，哥德堡，马尔默（瑞典）	1996~2011	物料，能源，废物	Leonardo 等（2016）
昆明（中国）	2006~2013	水	Wu 等（2016）
广东各地市（中国）	2013	物料，固体废弃物	Guan 等（2019）
特拉维夫–雅法(以色列)	2014	物料，能源，废物，水，食物	Kissinger 和 Stossel（2019，2021）
亚历山大（埃及）；安塔利亚，伊斯坦布尔，伊兹密尔（土耳其）	2010~2015	物料，土地，碳	Wafaa 等（2017）
厦门（中国）	2017；2009；2010	物料，废物；能源；能源	Xiao 等（2021）；赵颜创等（2016）；Zhao（2012）
帕拉利姆尼，索蒂拉，拉纳卡（塞浦路斯）	2011~2018	物料，废物	Loizia 等（2021）
澳门（中国）	2003~2013	能源，资源，废物	Lei 等（2018）

续表

城市（所在国家）	年份	代谢流	参考文献
北京，香港（中国）；曼谷（泰国）；开普敦（南非）；新德里（印度）；伦敦（英国）；洛杉矶，纽约（美国）；莫斯科（俄罗斯）；圣保罗（巴西）；新加坡市（新加坡）；斯德哥尔摩（瑞典）；悉尼（澳大利亚）；东京（日本）；多伦多（加拿大）；维也纳（奥地利）	2005~2009	物理碳，虚拟碳	Chen 等（2020b）
上海（中国）；伦敦（英国）；东京（日本）；巴黎（法国）	2001~2012	能源，物料	Han 等（2018）
马德里（西班牙）	2014~2017	水，能源，废物，气体	González-García 等（2021）
维也纳（奥地利）；圣保罗（巴西）；开普敦（南非）；伦敦（英国）；北京，香港（中国）；悉尼（澳大利亚）；洛杉矶（美国）	2005~2009	碳	Chen 等（2020c）
北京，上海，天津，重庆，广州，深圳（中国）	2004	物质，能源	张妍和杨志峰（2009）

全球范围的城市案例可用于比较世界不同地理区域的经济社会代谢现状，但存在研究边界、代谢要素等不一致的问题。由于不同文献对"城市代谢系统"定义不同，即使同一城市的代谢账户仍可能存在较大差异。例如，在某些研究中，维也纳以位于核心的城市区域（排除了郊区）来进行城市代谢分析，而北京可能以都市区（包含了郊区）而非城市核心区域行政边界来进行城市代谢分析，这导致了两者在某种程度上无法直接进行比较。

城市代谢研究需要对描述城市系统代谢流的经济和生态数据进行有效管理与分析，大多数城市代谢分析依赖于从各种渠道获得的经济和环境数据。表 1-3 提供了一些用于城市代谢研究的数据类型和数据来源，并说明了它们的主要应用领域以及更新情况。

表 1-3   城市代谢相关研究的部分数据来源

数据类型	主要应用领域	更新情况	数据来源
以欧盟 27 国为主的经济、人口、劳工、环境和能源统计数据（1960~2021 年）	城市环境–能源–社会经济要素分析	不定时更新	欧盟统计局数据库中的城市统计数据（https://ec.europa.eu/eurostat）

续表

数据类型	主要应用领域	更新情况	数据来源
全球城市能源消费、分范围碳排放和经济社会数据	城市碳足迹和碳循环分析	不定时更新	C40 城市集团（https://www.c40.org/）
欧洲大型城市的能源和物质流数据［1990~2050 年（预测）］	城市代谢分析	每年更新	欧洲环境署（https://www.eea.europa.eu/）
全球城市基础设施、流量、存量、生物物理特征	城市代谢分析	不定时更新	城市代谢数据实验室（https://metabolismofcities.org）
土地（农作物用地、牧区、林地、渔场、固碳用地、核能用地、建设用地）、贸易、能源、碳、水、生物多样性、政策（1961~2021 年）	城市生态足迹分析	每年更新	足迹数据基金会（https://www.FoDaFo.org）
全球各城市或组织自愿上报的温室气体排放数据（2011~2021 年）	城市碳减排；气候变化与可持续发展	更新至 2021 年	全球环境信息研究中心（https://www.cdp.net/en/cities）
美国城市饮用水及废水通量（2012 年）	城市水资源与废水分析	未更新	高阶水文科学大学联盟数据分享平台（https://www.hydroshare.org/accounts/login/?next=/home/）
多区域投入产出表、国家及地区的能耗、水资源、碳排放等环境卫星数据（1990~2016 年）	区域碳流动分析	更新至 2016 年	Eora 全球供应链数据库（https://worldmrio.com/）
碳排放因子、中国城市能耗、耗水量、地区能用水及水用能系数（1985~2021 年）	城市能–水–碳耦合代谢分析	不定时更新	联合国政府间气候变化专门委员会（https://www.ipcc.ch/）、《中国城市统计年鉴》（http://www.stats.gov.cn/）、中国水资源公报信息服务平台（http://123.127.143.131/water_bulletin/f）
中国多区域投入产出表（2012 年、2015 年、2017 年）、县级尺度碳排放（1997~2017 年）、中国区域分行业碳排放（1997~2019 年）、地级市碳排放（2001~2019 年）	发展中国家的碳排放与足迹分析	更新至 2019 年	中国碳核算数据库（https://www.ceads.net.cn/）
中国城市乔木林、灌木林等绿地面积及蓄积量（1949~2018 年）	城市生态固碳潜力评估	每年更新	国家林业和草原科学数据中心（http://www.forestdata.cn/）
城市分行业化石能源消费量、废物回收及处置量、原材料使用及加工的消费量（1949~2021 年）	城市物质流分析	每年更新	国家统计局（http://www.stats.gov.cn/）
能源产品、工业产品、生活产品、交通、废弃物处理的上下游排放（包括排放环节、数据时间、不确定性、来源等信息）（2022 年）	产品全生命周期温室气体分析与碳足迹建模	2022 年 1 月首个版本，迭代更新	中国产品全生命周期温室气体排放系数库（http://lca.cityghg.com/）

续表

数据类型	主要应用领域	更新情况	数据来源
农业和畜牧业、建筑、化工和塑料、能源、林业和木材、金属、纺织、运输、旅游住宿、废物处理和回收以及供水等活动排放数据（2003年、2007年、2013~2021年）	产品生命周期评价（含进口原材料的产品或出口的产品）	从2013年起每年更新	ecoinvent（http://www.ecoinvent.org）
欧盟大宗能源、原材料、运输等活动排放数据（1995~2011年）	产品生命周期评价	未更新	欧盟委员会（https://eplca.jrc.ec.europa.eu/ELCD3/）
美国常用的材料生产、能源生产、运输等活动排放数据（2017~2021年）	产品生命周期评价	每年更新	U.S. Life Cycle Inventory Database（美国生命周期清单数据库）（http://nrel.gov/lci/）
近4000种产品和流程，其中大部分属于化肥行业、植物油和蛋白粉行业、糖业、淀粉工业、乳业、肉类行业（2014~2022年）	农产品和食品可持续性评估	不定时更新	Mérieux NutriSciences | Blonk（https://blonksustainability.nl/tools/agri-footprint）
区域经济、社会和环境方面的综合数据	可持续发展分析等	部分更新	世界银行（https://www.worldbank.org/en/home）
全球物质贸易数据库（1900~2019年，根据具体数据而异）	全球物质流分析、供应链分析	部分更新	联合国商品贸易统计数据库（https://comtrade.un.org/）

注：C40城市集团于2005年成立，由中国、美国、加拿大、英国、法国、德国、日本、韩国、澳大利亚等各国城市成员组成，致力于推动城市应对气候变化合作与可持续发展的行动

1.5 本章小结

城市化发展取得了巨大成功，但同时也面临着资源短缺、环境污染和全球气候变化等各类生态环境挑战，而后者反过来制约着人类福祉的进一步提升。城市本身被认为既是环境压力与气候问题的重要来源，也是技术革新和解决方案的缔造者与核心区。因此，城市代谢理论、方法和指标可为资源的协同低碳利用与可持续管理问题提供重要支撑，其分析框架和未来发展前景值得探讨。本章作为城市与区域资源代谢低碳管理研究的开篇，在介绍与图示城市代谢概念的基础上，展开对于城市代谢中重要问题的论述，为后续章节的研究奠定基础。具体来说，首先，本章对城市代谢的内涵进行了概述，包括相关术语的描述，解释并比较了流量、强度、结构等导向的方法及指标；其次，分别论述了城市代谢与可持续发展、资源耦合之间的关系；最后，对近几十年城市代谢案例研究与数据来源进行了梳理。通过本章的剖析，著者认为从城市代谢的视角着手，寻找推动城市各类资源高效利用与协同管理的方法，能够为城市及区域的低碳可持续发展与规划提供科学支撑。

第 ❰ 2 ❱ 章

本章科学问题：生态网络分析和社会网络分析方法在城市资源代谢研究中有何异同？它们如何促进我们对城市资源可持续管理科学与实践的认知？

城市代谢与资源利用网络分析

在快速城市化和消费需求剧增的驱动下，诸如自然资源过度开发、利用效率过低和废物处置压力增大等系统性城市资源问题越发显著，给全球低碳可持续发展目标的实现带来了极大挑战。本章在阐述网络分析方法发展趋势的基础上，系统梳理了生态网络分析和社会网络分析（social network analysis，SNA）方法的差异，以及其在城市资源管理研究中的三种结合方式，利用四类资源管理的联合网络案例探讨了生态和社会联合网络分析在复杂城市资源调控中的应用模式，以帮助城市决策部门制定克服局部次优性、统筹全局效益的管理措施。随后，针对目前联合网络方法存在的局限性和应用前景，进行了初步探讨和辨证剖析，以期提升网络分析方法在城市资源可持续管理理论与具体实践中的价值，为城市管理者提供了兼顾整体和局部关系、直接和间接效应的决策思路。

2.1 城市资源代谢与网络分析应用演变

2.1.1 城市资源代谢与网络分析方法

在经历了 20 世纪 70 年代后期的城市化探索阶段后，当下的城市发展进入以人为本、规模和质量并重的新阶段，我国城市资源管理也迈入新征程。在资源传递关系日益复杂和多决策主体共同作用的背景下，如何实现资源的可持续管理，并解决城市发展需求和资源供给不足之间的矛盾，成为一个亟待解决的难题（王焕良等，1994；Haberl et al.，2011；Groce et al.，2019；陈晓红等，2011；王效科等，2009；Keeler et al.，2019）。在复杂的城市代谢系统中，频繁的人类社会经济活动给生态环境造成巨大破坏，生态环境问题又反过来冲击社会经济，两者是互相矛盾又互相依赖的（宋涛等，2013；Palme and Salvati，2020；Bettencourt and West，2010），自然、经济和社会三个子系统的互动模式也深刻地影响着可持续发展的走向（马世骏和王如松，1984；Dijst et al.，2018；Haberl et al.，2019）。这就决定了城市资源可持续管理的研究不能止步于生态学、经济学或管理科学等单一学科领域，而是要充分利用学科交叉的优势来评估和调节自然–经济–社会系统的耦合关系。

为克服传统"黑箱式"和"烟囱式"分析的不足，不少学者把研究目光投向系统论的观念与手段（Odum，1968；肖显静和何进，2018；赵斌和张江，2015；Fath，2014）。网络分析作为系统论的重要方法之一，能很好地运用系统性思维于解构与预测复杂系统背后的结构和功能。其中，生态网络分析和社会网络分析是代表性的网络分析方法。

生态网络分析结合了数学建模和指标分析，是一种分析生态系统组成要素间的作用关系并从整体上辨识系统内在属性的系统论方法（Fath and Patten，1999）。学者从不同角度运用生态网络分析实现系统分析，包括刻画生态系统的流量结构和功能（Baird et al.，2012；Christian et al.，2009）、识别系统的间接效应与路径（Borrett and Patten，2003；Schramski et al.，2007）、评价生态网络的稳定性和上升性（Ulanowicz，2004；Ulanowicz and Norden，1990），以及追踪与人类活动相关的生物地球化学循环（Gattie et al.，2006；Hines et al.，2016）。生态网络分析早期多用于分析自然生态系统内的物质和能量流动，如今也被广泛应用于研究经济系统、资源代谢系统、产业生态模式等对象（张妍等，2017；Liu et al.，2011；Chen S Q and Chen B，2015；Kharrazi et al.，2016；Borrett et al.，2018）。系统生态学研究的早期代表人物之一奥德姆（Odum）在1965年美国IBP（International Biological Programme，国际生物学计划）实施时提出"生态系统分析"，给复杂生态系统研究提供了有深刻生态哲学意义的方法论（葛永林，2018；张秀芬和包庆德，2014；Odum，1968，1992）。在投入产出分析（Leontief，1951）和生态系统能流分析（Hannon，1973）的启发下，帕滕（Patten）陆续发表了有关生态网络分析方法的研究（Patten，1978，1981，1982；Patten and Odum，1981）。此后，以尤兰维奇（Ulanowicz）（Ulanowicz and Wolff，1991；Ulanowicz，1983；Ulanowicz and Abarca-Arenas，1997）和法思（Fath）（Fath and Patten，1999；Fath and Borrett，2006）等为代表的学者不断对其进行发展和完善，现已形成一套较为完备的系统分析方法。这些方法和指标已被广泛运用于城市代谢、资源可持续利用、经济活动调节和生态风险等研究中（张妍等，2017；Ulanowicz，2004；Huang and Ulanowicz，2014；Fang and Chen，2019；Chen et al.，2020b；陈绍晴等，2015）。

与之相对应，社会网络分析是分析社会行动者之间的网络结构关系以及群体结构对群体功能或群体内部个体影响的一种社会学研究方法（林泓等，2018；Tichy et al.，1979；Freeman，2004）。社会网络分析研究最早萌芽于 20 世纪 30 年代，英国人类学家拉德克利夫–布朗首次提出"结构功能论"，并用"社会关系网络"一词来描述社会结构（Radcliffe-Brown，1947，1956）。此后，西梅尔（Simmel）发展的"形式社会学"（Simmel，1950）和莫雷诺（Moreno）创立的社会测量法（Moreno，1945，1947），促进了社会网络分析的推广应用。社会网络是由行动者间的关系所构成的社会结构，社会关系本身成为研究的对象（骆耀峰，2015）。社会网络分析侧重于研究人际、心理和情感等社会关系问题，其传统应用主要集中在文献计量学分析（Cheng et al.，2018；魏群义等，2012）、网络结构指标研究（Crona and Bodin，2006；刘心怡，2020）和知识管理领域的深层次难点问题探究等（宋志红等，2013）。社会网络分析发展到如今已广泛应用于传播学、管理学、项目管理和组织管理等领域（Wang et al.，2019a；Zheng et al.，2019；侯梦利等，2020）。

　　生态网络分析和社会网络分析凭借各自的优势已被分别运用于生态学和社会学相关领域，以及城市复合系统内不同类型资源的单独、组合和耦合过程的模拟与分析研究中（李中才等，2011；骆耀峰，2015）。然而，学者认为单一的生态网络分析或社会网络分析方法难以解决城市复合系统的资源耦合问题，故急需一种能同时关注社会决策和环境调控过程的可视化网络评价与管理方法（Groce et al.，2019；陈群元和宋玉祥，2011；Bodin and Crona，2009）。

2.1.2　网络分析研究发展趋势与主题演变

　　本书利用 CiteSpace 进行文献计量分析（Chen，2006；郭学兵，2018），系统识别生态网络分析和社会网络分析研究领域的发展趋势、主题演变与发展关键节点。以 Web of Science（简称 WoS）核心合集［SCI-EXPANDED（Science Citation Index-Expanded，科学引文索引扩大版）和 SSCI（Social Sciences Citation Index，社会科学引文索引）以及中国知网［南大核心、北大核心和 CSCD（Chinese Science Citation Database，中国科学引文数据库）］作为文献来源，检索的时间范围为 2000~2020 年，时间切片为 1 年。分别以"Ecological Network Analysis"或"Network Environ Analysis"或"Ecosystem Network Analysis"/"生态网络分析"、"Social Network Analysis"/"社会网络分析"或"Social-ecological Network Analysis"/"社会-生态网络分析"或"生态-社会网络分析"为主题，对单独生态网络分析研究、单独社会网络分析研究和生态网络分析与社会网络分析联合应用研究的中英文文献进行了检索，WoS 检索对应返回 458 条、999 条、292 条结果［为避免按"主题"检索"Social Network Analysis"返回内容的相关性过低且结果庞杂（6161 条），故采取更加准确的按"标题"的方式检索，得到 999 条结果］。之后，再以研究主题和文献类型为筛选条件，基于人工判别清洗数据，去重后依次得到 430 条、763 条、260 条数据，构成了研究的文献样本（统计数据截止时间为 2020 年 8 月）。

由于中国知网检索中文文献的数据量较少，故本章取 WoS 的检索结果为代表进行分析，以判断该领域的研究发展趋势。关键词共现时区图能高度反映文献的核心思想和关注焦点，展现生态网络分析和社会网络分析研究领域的演化路径与发展前沿。图 2-1 和图 2-2 分别为生态网络分析和社会网络分析文献的关键词共现时区视图。图中线条和圆圈的颜色深浅与关键词出现年份相对应［颜色从深到浅、圆圈由内圈到外圈表示时间从远（出现时间早）到近（出现时间晚）］。关键词会固定在首次出现的年份，所对应的圆圈越大表示该关键词出现的频次越多（注意并非该节点中心性的大小）。

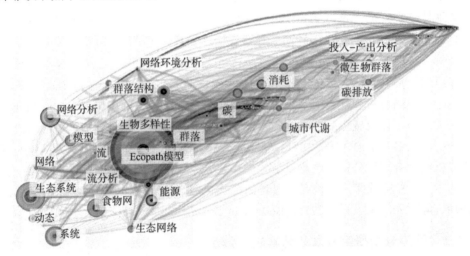

图 2-1　生态网络分析文献的关键词共现时区视图

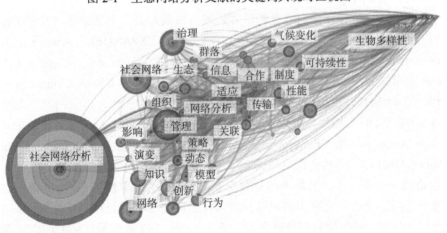

图 2-2　社会网络分析文献的关键词共现时区视图

表 2-1 和表 2-2 分别是 2000 年后生态网络分析和社会网络分析相关文献中出现频次最高的不同类别的 30 个关键词及其首次出现的年份与中心性，表征着该领

域研究热点的变化。表中的"中心性"指中介中心性，反映了该节点与其他节点关联性的强弱（赵晶晶等，2019），此处用来表征该关键词在生态网络分析和社会网络分析研究网络中的重要程度（值越大，重要程度越高）。结合生态网络分析和社会网络分析文献的关键词共现时区视图及其高频关键词表，可以看出，在研究对象和研究方法上，生态网络分析的研究对象从传统的生态系统、食物网和氮流等逐步转向城市和国家尺度的社会经济研究，其研究方法经历了从网络分析、流分析、网络环境分析再到投入-产出分析的变化，所涉及的基本都是定向联系（单向或者双向联系）。而社会网络分析的研究对象由组织、社区逐步上升到了社会系统，其研究方法则围绕着网络特性指标（如中心性、弹性和可持续性等）展开，可涵盖无向和定向联系的网络分析。在交叉主题上，生态网络分析早期研究多关注生物多样性和群落结构等，后期出现了足迹、城市代谢和碳排放等交叉主题。相比之下，社会网络分析的研究在 2003~2008 年，知识、组织和管理等传统社会学的主题凸显；在 2009~2012 年，模式、信息、框架等表征网络建模的关键词占主导地位；在 2013~2020 年，出现气候变化、可持续性、生物多样性等生态学科的内容。由此可见，生态网络分析和社会网络分析的研究主题与方法在保持各自特色的同时，也出现了越来越多的交叉，被应用于自然生态-社会经济系统的耦合问题研究中。因此，面向现实需求，结合生态网络分析和社会网络分析各自的优势与特色，来分析和解决各类复杂的资源耦合问题逐渐成为当下网络分析研究的一个重要发展方向。

表 2-1　生态网络分析相关文献 2000 年后涌现的高频关键词

类别	频次	中心性	首次出现年份	关键词
	96	0.12	2001	ecosystem（生态系统）
	66	0.06	2001	system（系统）
	61	0.14	2004	food web（食物网）
	48	0.04	2007	Neuse River Estuary（纽斯河河口）
研究对象	46	0.12	2006	energy（能源）
	45	0.02	2015	China（中国）
	25	0.05	2007	nitrogen flow（氮流）
	21	0.08	2015	microbial community（微生物群落）
	20	0.01	2010	city（城市）
	190	0.04	2006	ecological network analysis（生态网络分析）
	74	0.10	2001	network analysis（网络分析）
	46	0.06	2003	model（模型）
	45	0.03	2006	distributed control（分散控制）
	39	0.04	2006	compartment model（分室模型）
分析方法	32	0.10	2006	ecological network（生态网络）
	26	0.05	2003	flow analysis（流分析）
	24	0.10	2004	Ecopath（Ecopath 模型）
	24	0.01	2016	input-output analysis（投入-产出分析）
	23	0.04	2006	network environ analysis（网络环境分析）

续表

类别	频次	中心性	首次出现年份	关键词
	41	0.10	2011	consumption（消耗）
	36	0.23	2001	dynamics（动态）
	35	0.04	2012	sustainability（可持续性）
	34	0.05	2010	diversity（多样性）
	31	0.02	2013	urban metabolism（城市代谢）
交叉主题	25	0.03	2012	footprint（足迹）
	24	0.01	2004	impact（影响）
	22	0.00	2016	carbon emission（碳排放）
	20	0.01	2015	perspective（观点）
	19	0.12	2004	biodiversity（生物多样性）
	19	0.01	2016	emission（排放）

表 2-2　社会网络分析相关文献 2000 年后涌现的高频关键词

类别	频次	中心性	首次出现年份	关键词
	39	0.03	2012	system（系统）
研究对象	38	0.08	2009	community（社区）
	37	0.04	2013	China（中国）
	36	0.11	2007	organization（组织）
	378	0.09	2003	social network analysis（社会网络分析）
	117	0.08	2006	social network（社会网络）
	90	0.09	2006	network（网络）
	60	0.06	2008	centrality（中心性）
分析方法	48	0.06	2008	model（模型）
	46	0.06	2013	performance（性能）
	41	0.05	2014	sustainability（可持续性）
	34	0.10	2009	network analysis（网络分析）
	32	0.04	2012	resilience（弹性）
	31	0.02	2014	stakeholder analysis（利益相关者分析）
	111	0.05	2008	management（管理）
	98	0.05	2008	governance（治理）
	69	0.09	2006	knowledge（知识）
	59	0.07	2009	behavior（行为）
	59	0.06	2008	innovation（创新）
	56	0.03	2014	policy（政策）
	47	0.09	2009	pattern（模式）
交叉主题	44	0.05	2008	dynamics（动态）
	43	0.03	2012	conservation（保护）
	41	0.04	2006	impact（影响）
	39	0.04	2010	framework（框架）
	38	0.04	2013	climate change（气候变化）
	37	0.04	2019	collaboration（合作）
	35	0.05	2006	evolution（演变）
	33	0.06	2010	information（信息）
	28	0.06	2007	science（科学）

2.2　城市资源生态网络分析和社会网络分析的差异

2.2.1　网络特性与评价方法差异

表 2-3 从网络属性指标、表征系统内部结构和节点间相互关系的指标、表征系统整体性质的功能性指标三个方面对生态网络分析与社会网络分析两种方法进行了详细比较。限于篇幅，表 2-3 中的生态网络分析和社会网络分析指标只给出了基本定义及其在资源管理中的应用意义，具体的计算公式可参考相关文献（张妍等，2017；Ulanowicz，2004；李中才等，2011；Fath and Patten，1999；穆献中和朱雪婷，2019；Bu et al.，2020）。由表 2-3 可得，第一，两者的基本网络属性是共通的，可分别用于描述城市资源网络中生态组分或社会组分的关联度、密度与分离程度。第二，对于表征系统内部结构的指标，生态网络分析主要运用输入–输出环境元分析来深入网络内部的分室，描述复杂节点间的相互作用关系，分析城市中物质和能源的流动情况（Fath and Borrett，2006；Wang et al.，2019b；Zhai et al.，2019）；相比之下，社会网络分析侧重于分析社会行动者之间的联系以及探究节点在网络中的地位，借此构建高效的城市管理体系，实现对稀缺资源的有效调控（Ahmadi et al.，2019；Camacho et al.，2020）。第三，对于表征系统整体性质的功能性指标，生态网络分析常用上升性分析来描述网络环境下资源流的抗干扰能力和系统发展潜力，进而评估城市系统的可持续性（Ulanowicz，2004；Bodini，2012；Bodini et al.，2012）；与之相对应，社会网络分析多利用中心势来描述网络总体的集中趋势，帮助决策者从全局建立多层次的城市资源管理模式（Fliervoet et al.，2016）。

表 2-3　生态网络分析和社会网络分析的指标概念与应用对比

项目	生态网络分析	社会网络分析	资源管理应用总结
网络属性指标	（1）网络关联（M）：表示网络中所有实际存在的关联 （2）网络密度（D）：衡量网络中各节点间联系的紧密程度 （3）平均路径长度（P）：指任意两点间距离的平均值，表示各节点间的邻接程度		资源传递的网络特性决定了利用生态网络分析和社会网络分析进行资源代谢管理的必要性与适用性
系统内部结构和节点间相互关系	环境元分析（分析网络内部的结构及功能关系）： （1）通量（T_i）：每一个组分流通量的总和 （2）综合流量（N）：资源在节点之间流动的数量 （3）综合效用（U）：定量化评价两两节点之间的生态关系	（1）中心性（就个体而言，衡量某一节点在网络中的中心地位）： （a）点度中心性（D_e）：某一节点与其他节点直接相连的数量 （b）中介中心性（C_b）：某一节点在多大程度上处于网络中其他"点对"的"中间" （c）接近中心性（C_c）：网络中某一节点与其他节点间的最短距离的数目	生态网络分析用环境元分析来描述系统内节点的资源流动关系，并量化不同组分间的依存关系；而社会网络分析侧重于分析社会行动者的作用或其在网络中所处的地位，为城市资源管理决策的制定以及资源调动关键路径的识别提供有效工具

续表

项目	生态网络分析	社会网络分析	资源管理应用总结
系统内部结构和节点间相互关系	（4）控制程度（CX）：识别某一节点对其他节点的控制作用	（2）凝聚子群：揭示社会行动者间实际或潜在的关系。凝聚子群密度较高，则说明该子群内部的行动者联系紧密	
	（5）共生程度（S）：表示系统整体或每个节点的效用水平	（3）核心–边缘模型：根据节点间联系的紧密程度，对网络位置结构进行分析，核心区域节点在网络中占有较重要的地位	
表征系统整体性质的功能性指标	上升性分析（描述系统的可持续性）： （1）平均交互信息（AMI）：网络中物质或能量的平均相互限制程度，用于量化系统发展 （2）系统稳定性（H_R）：系统抵抗外界干扰变化的能力 （3）系统上升性（A）：定量化系统的规模和反馈 （4）系统发展能力（C）：系统发展的最大潜力 （5）系统总开销（φ）：信息通过冗余性连接在系统中的分布	中心势（就整体而言，表示整个网络的集中趋势，一个网络只有一个中心势）： （1）点度中心势：指网络节点的集中趋势，用来刻画网络图的整体中心性 （2）中介中心势：中介中心性最高的节点与其他节点的中介中心性的差距。数值越高则表示该网络中的节点可能分为多个小团体且过于依赖某一节点来传递关系 （3）接近中心势：该值越高表明网络中节点间的差异性越大，反之则表明节点间的差异越小	生态网络分析用上升性分析来描述网络的协同性和稳健性，进而评估城市资源系统的可持续性和发展弹性；而社会网络分析利用中心势来反映网络的整体集中趋势，有助于从整体上布局多层次的城市资源高效管理

可以看出，目前两种网络分析方法在城市资源管理的应用研究上都有一定的局限性，包括仅可用于表征管理效率和系统发展等性质，以及无法全面匹配可持续利用的生态、经济、社会多维度管理。比如，生态网络分析的指标主要是针对生态网络结构和功能的描述，与系统流量和发展程度紧密相关，但不能与可持续发展目标直接对应（Bodini，2012；Bodini et al.，2012）。社会网络分析主要关注社会关系的变化或者类比模拟生态环境的变化，但也不能直接体现资源开发利用的环境容量局限性等关键要素。这些限制在一定程度上弱化了网络分析方法对城市资源可持续管理的决策支撑作用。

2.2.2　资源管理应用场景差异

以韩博平（1993a，1993b）为代表的学者较早开展了国内的生态网络分析研究，该方法发展至今已在资源管理中得到广泛应用。生态网络分析因为能有效揭示城市各组分间的物质、能量流动模式，被较多学者应用于城市代谢的相关研究（Kharrazi et al.，2016；卢伊和陈彬，2015；Tan et al.，2018）。张妍和杨志峰（2009）将生态网络分析方法引入城市复合系统，分析了城市能源代谢的网络特性。与传统的物质流分析相比，生态网络分析在揭示物质和能量在社会经济部门与环境之间的流动方面有独特的优势（Liu et al.，2010），也是城市代谢核算和建模的良好工具（夏琳琳等，2017）。比如，Chen 等（2018，2020c）进行了大量有关城市代谢的研究，综合运用生态网络分析和投入产出分析等方法探究碳代谢与社会经济属性间的关系。Fang 和 Chen（2019）基于信息化的生态网络分析方法评估了社会经济活动中隐含碳流网络的属性。还有学者运用效用分析和控制分析来确定社会经济部门间的网络关系（Chen S Q and Chen B，2015；Chen et al.，2015；Guo et al.，2016；Xia et al.，2016）。另有一部分研究关注能源和资源系统的特性评价（Huang and Ulanowicz，2014；Schaubroeck et al.，2012；Stark et al.，2016），如 Mukherjee 等（2015）运用整体网络指标解释了生态网络对于外界模拟扰动的敏感性和稳健性，Kharrazi 等（2016）分析了黑河流域水资源系统效率和冗余度之间的折中关系，从而评估水资源系统的整体可持续性。

社会网络分析适用于研究资源管理网络中不同主体间的信息传递和相互影响过程，尤其关注不同社会利益相关者是如何促进或阻碍资源管理行动的（骆耀峰，2015）。政府在自然资源管理中起着支配和决定性的作用，可通过统筹调动资源来改变相应的环境结果（Bodin and Crona，2009），而非政府行动者也被证实能在资源管理中发挥重要作用（Fliervoet et al.，2016）。因此，建立一种由政府和非政府组成的多层次合作治理模式能提高资源管理的效率。另外，研究信息传递模型（Wang et al.，2019b；Bagrow et al.，2019）和社会网络分析的网络特性也为城市管理者明确社会个体间的信息交流与资源调控路径提供了清晰的视角。比如，社会网络密度的高低会影响网络中信息传递的概率，改变社会行动者参与资源保护行动的可能性，高的网络密度有利于资源的集中配置，低的网络密度则便于进行复杂网络管理（Smythe et al.，2014；Baland et al.，2007）。有较高中心性的行动者拥有较强的影响力来协调其余行动者的资源保护行为（Crona and Bodin，2006；Freeman，1978），但中心性高的网络相对脆弱，可能不适用于社会-生态复合系统的长期资源管理（Bodin et al.，2006）。

一般来说，生态网络分析和社会网络分析在应用场景上存在明显的不同。生态网络分析是研究城市代谢的有力工具，研究者可以通过构建城市代谢网络模型，来分析城市中社会经济部门与环境间的物质和能量的有向流动关系，还能利用相关指标来评估系统的可持续性、弹性和稳健性等。这为城市资源的可持续性管理提供了清晰的思路，但在多决策主体的资源管理模式构建方面较为欠缺。而社会网络分析没有明显的流关系，一般不直接用于研究城市中具体的物质和能量流动，但社会网络分析能有效分析城市社会网络中不同主体间的无向作用关系。从社会网络分析不同网络特性的视角明确社会网络对资源管理的影响，有利于构建政府和非政府间的资源合作管理模式，为决策者提供清晰的城市资源统筹调动路径，提高决策的效率和准确性。

2.3   资源管理决策中的联合网络分析

目前，生态网络分析和社会网络分析的联合方式主要有三种，分别为网络指标互用、网络混合流分析和社会-生态网络多层次融合。图 2-3 示意了生态网络分析和社会网络分析联合方式的类型及其主要结构特征（陈绍晴等，2021a）。

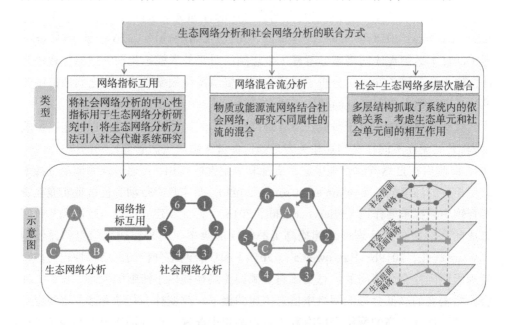

图 2-3   生态网络分析和社会网络分析的联合方式

2.3.1   网络指标互用

在生态网络分析和社会网络分析相关研究的交叉发展过程中，出现了两种网络分析方法指标互用的情况，包括将社会网络分析的中心性指标用于生态网络分析的研究中，以及将生态网络分析方法引入社会代谢系统研究中。"中心性"最早由社会学家提出，是用来衡量复杂系统网络模型中个体重要性的指标。在引入资源环境领域后，"环境中心性"指标与"社会网络中心性"概念相似，是一个描述系统中能量-物质交换的区域功能重要性的普适性指标。Shaikh 等（2016）结合了生态网络分析模型方法和环境中心性指标来评估我国天然气供应的安全问题，得出要使外部天然气供应来源更加多元化的政策建议。此外，李娅婷（2010）将生态网络分析方法引入社会代谢系统，构建了中国社会代谢生态网络的概念模型和量化模型，利用网络流量方法和效用方法，探讨系统内部组分间复杂的生态关系，进而分析系统的代谢状态和水平，并提出了相应政策建议和管理措施。

2.3.2　网络混合流分析

鉴于生态网络分析和社会网络分析在流通媒介上的差异性，有学者用生态网络分析的多向资源流动关系来分析社会经济层面的相关复合过程，形成一种网络混合流分析。目前，网络混合流分析主要集中于分析社会经济流和资源流，如经济贸易流、石油贸易流、虚拟水流和铁元素流等（Mao and Yang，2012；Kharrazi et al.，2013；Fang and Chen，2015）。Wang 等（2016）以投入产出表和生态网络分析为基础，构建了 40 个代表性国家的能源贸易网络，并运用控制差异的指标来探讨全球能源供应市场内国家之间的关系，为调整能源贸易政策和保障国家能源安全提供参考。Zhang 等（2019b）基于生态网络分析进行了全球贸易商品和服务生产过程中碳转移的分析。Yang 等（2012）建立了农牧业生产贸易间虚拟水的全球模型，并运用控制分析和效用分析来描述系统内的相互关系。越来越多的学者运用这种交叉混合的网络分析方法，来剖析社会经济政策对于资源环境保护的干预影响，该方法为决策者提供了较为立体的分析视角和更为有效的资源可持续性管理路径。

2.3.3　社会–生态网络多层次融合

随着管理学界对网络系统论研究需求的增大，近些年生态网络分析和社会网络分析的联合方式更趋于多样化和多层次化。其中，一种能用于研究社会和生态复合层面问题的社会–生态网络分析（social-ecological network analysis，SENA）方法进入了人们的视野。SENA 考虑了社会单元和生态单元之间的相互作用结构，以及这种结构对系统性能的作用模式。SENA 的多层结构抓取了存在于系统内的依赖关系，研究社会系统和生态系统的元素是如何相互关联、相互依赖的，试图寻求混合网络中社会决策系统和资源环境系统的路径对接方式。目前，由于城市尺度研究的方法尚不成熟且数据缺失，此种多层次融合方式多运用于流域尺度的研究（Sayles and Baggio，2017；Sayles et al.，2019；Zhang et al.，2019a），鲜有在城市资源管理中应用。这种多层次的融合思路对于多主体、多类型的城市资源管理问题的解决有重大的潜在意义，故将在下文进行社会–生态网络分析联合应用的模拟案例演示，继续细化和深入探讨此种融合方式在城市资源可持续管理中的实际应用情况。

2.4 资源社会–生态网络分析联合应用案例

此处以水资源、能源、碳排放和耦合资源四类管理情景为例，建立了生态网络分析和社会网络分析联合应用的基本概念模型，以演示这一新型系统论方法在城市资源环境管理中的独特价值（陈绍晴等，2021a）。水资源和能源是城市的核心资源，涉及几乎所有经济社会部门，关乎城市各类生产活动和居民生活，因此适合作为普遍性案例进行网络分析展示。另外，碳排放是资源利用（如能源和水资源利用）过程伴生的副产品，对其进行严格控制，是当下低碳、零碳社会发展的迫切需求。此外，鉴于水资源、能源、碳排放等的耦合现象引起了较多的研究关注（Chen et al.，2019b；Webster et al.，2013），在此也将其作为一个重要的研究案例。

2.4.1 水资源管理案例

图 2-4（a）为城市水资源管理的联合网络概念模型图，其中内圈的网络代表由农业部门、电气水部门（电力、热力、燃气及水生产和供应业）和采矿业部门构成的生态网络，外圈的网络代表城市中直接决策者和间接实施者所构成的社会网络，包括市级政府、自然资源管理部门和相关企业。箭头代表模块之间的控制作用，渐变色箭头表示施加了某种调控措施或产生的相应反应。如图 2-4（a）所示，假设在水资源短缺的状况下，政府基于产业结构进行资源的优化配置，采取措施来约束电气水部门的原料供给，并降低农业部门的水资源消耗。在严格的水资源调控措施下，农业部门和采矿业部门的供能、供水相应减少，相关部门的运作受到影响，可能出现粮食产量不足、矿产产能下降，以及相关企业的经济收益下滑和工人就业压力上升等问题。为此，可采取的系统性策略有：①寻求兼顾水资源子系统与经济社会子系统的网络联动管理模式，对水资源约束产业做出科学规划，如重点发展高附加值、低能耗和低污染的产业；②根据产业间网络路径的预测，加大对调控措施影响较大的相关产业的财政补贴，缓解由此造成的社会问题。

2.4.2 能源管理案例

图 2-4（b）为城市能源管理的联合网络概念模型图。为简化问题，选取了能源开采部门、电气水部门和居民生活消费，分别作为能源供应、转换传输和终端消费部门进行网络分析。社会网络层面则由自然资源管理部门、市场调控机构和公众构成。如图 2-4（b）所示，随着居民生活消费等终端消费部门的能源需求不断增大，电气水等初级消费部门的本地能源消耗也相应增加。面对城市日益增大的能源需求量，完全依赖大力开采本地或周边的化石燃料来维持生产发展不仅会破坏当地的生态承载力，也会影响城市低碳经济与低碳消费的转型。相关部门应平衡好能源安全与需求间的关系，并从系统的角度完善可再生能源产业链，改善

用能结构。在这一情景下，城市可持续能源使用和管理策略包括：①调整本地一次能源开采和贸易进口的比例，增加可再生能源的利用路径，根据决策网络的控制关系，联合多部门来保障能源稳定供应与绿色转型；②充分基于市场规律，利用能源税和用能权交易等经济学手段来调节产业结构，并利用公众在联合网络中的辐射作用，引导居民生活消费等能源需求的调整。

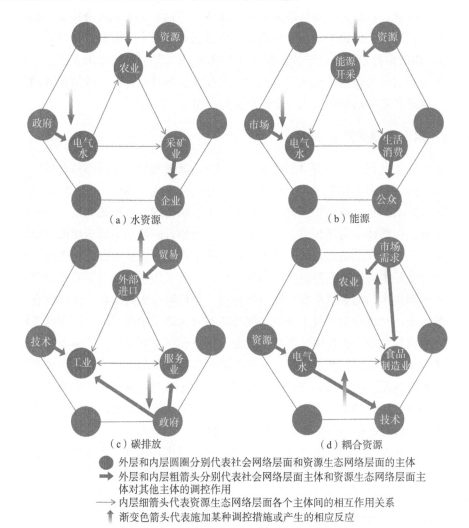

（a）水资源　　　　　　　　　　（b）能源

（c）碳排放　　　　　　　　　　（d）耦合资源

●　外层和内层圆圈分别代表社会网络层面和资源生态网络层面的主体

➤　外层和内层粗箭头分别代表社会网络层面主体和资源生态网络层面主体对其他主体的调控作用

→　内层细箭头代表资源生态网络层面各个主体间的相互作用关系

⬆　渐变色箭头代表施加某种调控措施或产生的相应反应

图 2-4　社会–生态网络分析在城市水资源、能源、碳排放和耦合资源管理中的应用演示

2.4.3　碳排放管理案例

图 2-4（c）为城市碳排放管理的联合网络概念模型图，其中资源生态网络层面由工业部门、服务业部门和外部进口构成，社会网络层面由市级政府、技术调

整组织和贸易管理机构构成。假设在某种情景下，政府企图通过增加行业生产原料和家庭消费品的外部进口，减少本地工业与服务业部门的生产，来达到削减城市碳排放的目的。在这一情形下，城市内的各部门在短期内可能实现了碳减排的目标任务，但同时造成了对外部贸易的过度依赖，导致本地绿色产业发展缓慢，无形中加大了减排的经济成本，最终将会使长期的碳减排行动缺乏经济动力和技术支持。因此，城市碳减排管理应重点关注两个方面：①要从网络角度明确各行业特定的碳减排关键路径，从生命周期视角考量产业链上下游的减排量和未来减排潜力，预估调控措施潜在的经济和环境影响；②基于网络环境下的多主体互作，加大政府对技术和设备升级的资金投入，提高企业等社会经营主体的减排动力，促进区域间和企业间减排技术的合作开发与应用。

2.4.4   耦合资源管理案例

图 2-4(d)为城市水资源–能源–碳排放耦合资源管理的联合网络概念模型图，资源生态网络层面由农业部门、食品制造业部门和电气水部门构成，社会网络层面由市场需求、自然资源管理部门和技术调整组织构成。水资源利用、能源消耗和碳排放在经济体中高度相关、相互交织，资源耦合问题成为影响城市可持续发展的重要因素。在市场需求的驱动下，水密集型产业如农业和食品制造业，在用水生产的过程中会消耗大量能源(如燃料、电力等)，且废物处置也需要能源支持。以化石能源为主的能源消耗将导致空气污染，并使城市碳排放在不同行业有不同程度的增加，给清洁生产技术升级和能源转型带来诸多挑战。因此，在城市耦合资源环境问题的综合管理中，需充分考虑以下方面的互联互作：①基于供给侧控制城市的生产性耗水，使农业等经济部门转向高附加值的发展模式，以缓解连带的资源环境问题；②提高目前对于水资源用能、排碳和能源行业用水的监管，基于网络协同效应促进部门间的资源管理协作，并灵活发挥市场机制作用，同步实现资源利用过程的供给侧低碳化和消费侧减量化。

综合上述案例，利用社会–生态网络分析进行城市资源管理决策可从以下方面着手：①关注城市内多个子系统间的网络联动控制，根据不同主体间的作用路径和控制关系进行精准调控；②合理运用社会经济层面的市场机制作用及其他经济学手段，从供给侧与需求侧共同发力，调控各环节的资源利用过程；③重视公众和企业等主体角色在城市资源网络管理中的作用，基于多主体和多资源互联互作的系统视角，面向城市资源可持续利用，提出不同于局部单一优化的全局管理策略。

2.5   本 章 小 结

本章对城市代谢分析中的重要研究方法之一——网络分析方法进行了阐释，

对生态网络分析和社会网络分析方法的内涵、指标方法和应用场景加以对比，初步提出联合网络分析在资源管理案例中的管理应用。具体而言，基于系统论思维，从生态网络分析和社会网络分析的研究发展趋势出发，在全面比较两种方法在城市资源管理决策中的差异和结合点的基础上，提出了运用社会–生态网络分析方法来解决城市快速发展过程中产生的资源传递路径复杂和决策主体过多的难题。以水资源、能源、碳排放和耦合资源管理案例来演示联合网络的运作模式，探索一种能使两种分析方法在联合网络中达到优势最大化，以解决城市复杂资源流动问题的系统性策略与方法。联合运用生态网络分析方法和社会网络分析方法也被证实能够实现多主体、多类型的城市资源管理，以及明晰混合网络中社会决策系统和资源环境系统的路径对接方式。网络分析方法的兼容性强，将其与物质流分析和生命周期分析等方法相结合，能给城市代谢的解析、模拟和评价提供一个更为完整的框架，对城市经济–社会–生态关系与过程的管理有重大意义，有望成为未来城市代谢研究的重要发展方向。

第 ❮ 3 ❯ 章

本章科学问题：不同城市的代谢过程与模式存在什么差异？如何对城市低碳表现进行系统而准确的评估？

城市代谢与低碳表现综合评估

城市的碳排放活动高度嵌于复杂的经济社会行为和生态过程中，与其他碳流（进口、出口、库存变化等）紧密耦联，构成城市复合系统的一部分，共同影响着城市的气候变化应对与低碳发展路径。在第 2 章采用联合网络方法来探讨城市资源代谢系统分析的基础上，本章将代谢理论和方法应用于城市生态系统的模拟中，以全球 12 个城市作为案例进行系统分析，统一核算各城市内不同经济社会部门之间以及城市经济体与外部环境之间的碳流，追踪与城市经济活动相关的碳代谢过程，并比较不同部门之间碳代谢流与碳排放的差异。此外，本章从代谢流量和代谢结构两个角度提出了城市碳代谢系统评估指标体系，并将其应用于比较国内外城市经济社会发展的脱碳现状和未来脱碳潜力差异，旨在为我国乃至全球城市的低碳经济转型提供新的思路和方法参考。

3.1 城市代谢与气候变化

3.1.1 城市尺度的碳减排行动

城市地区的生产生活（如制造业生产、商业、交通和电力消费）是全球人为碳排放的主要驱动因素（王锋等，2010；魏一鸣等，2006；张友国，2010；薛冰等，2011；张宁和张维洁，2019）。联合国政府间气候变化专门委员会（Intergovernmental Panel on Climate Change，IPCC）第五次报告特别增设了关于城市碳排放与区域规划的章节，并指出约 65%的全球最终能源消费来自城市社会经济活动，超过 70%的能源消费相关碳排放来自城市区域（Seto et al.，2014）。联合国政府间气候变化专门委员会第六次报告指出，城市在全球温室气体排放（包括二氧化碳和甲烷）中所占的份额很大，并且还在持续增加。在全球范围内，城市占全国二氧化碳当量排放量的比例从 2000 年的 56%上升到 2015 年的 62%。2020 年,城市温室气体排放总量估计为 28.5 万吨二氧化碳当量,约占全球排放量的 67%~72%(不包括航空、航运和生物源)。同时,作为技术相对发达区域,城市更易推广清洁能源技术和实施碳减排策略,因此也成为减缓社会经济系统对全球环境变化影响的重要研究范本,为构建低碳可持续社会提供重要突破口(林伯强和孙传旺,2011;林伯强和刘希颖,2010;潘家华,2013)。目前,诸如 C40 城市集团等全球特大城市联盟已建立了气候变化减缓的共识,以促成共同但有差别的深度减排。

目前大部分城市碳排放研究集中在基于能耗和工业生产的排放清单分析,核算直接和间接的人为碳排放,而较少关注城市代谢系统的碳流(刘竹等,2011;Sovacool and Brown,2010;ICLEI et al.,2014;Mi et al.,2016;Long et al.,2019;韩梦瑶等,2020)。相应地,全球各城市的减排策略多是针对特定部门而制定,这对于针对性的、局部的碳减排目标较为有效(王海鲲等,2011;刘竹等,2011;Creutzig et al.,2015;Yu et al.,2018;丁凡琳等,2019)。然而,城市的碳排放活动高度嵌入于复杂的经济社会行为和生态过程中,与其他碳流(进口、出口、库存变化等)紧密耦联在城市复合系统中(Kennedy et al.,2009;Chen S Q and Chen B,2012;夏楚瑜等,2018)。由于缺乏相应的分析框架和方法,城市内部经济社会部门与自然生态系统之间的碳流关系以及各部门之间的相互作用并不明晰,城市碳流档案与结构也尚未被充分阐明。因此,在实现全局减碳方面,仍停留在理论探讨的层面。在追踪城市碳排放过程以及实现城市碳账户的全局分析时,需要考虑各个经济部门之间相互作用的影响,以便更好地管理和监测城市的碳排放情况。

3.1.2　代谢视角下的城市碳管理

城市代谢的研究框架已被广泛应用于研究人类社会中能源和物质流动及其环境影响(Wolman,1965;石磊和楼俞,2008;卢伊和陈彬,2015;刘刚等,2018;Liang et al.,2020)。有学者将其应用于描述和分析与经济社会活动相关的城市碳流量和存量。譬如,有学者运用物质流分析等方法,追踪石化产品和木制品等物质碳在经济体中的流动,并分析资源消费减量化、提高资源利用效率、改善废物回收技术等措施对于提高碳减排潜力的作用(Fujimori and Matsuoka,2007;Lauk et al.,2012;夏琳琳等,2017;Ohno et al.,2018)。Churkina 等(2010,2012)从生物地球化学循环的视角构建了平面和垂直向的城市碳流模型框架,并基于城市建筑、产品和绿地变化清单,对城市中心和郊区的碳储量和减排潜力进行了空间尺度上的区分。赵荣钦等(2009)、赵荣钦和黄贤金(2013)基于“自然–社会”二元碳循环的概念,从垂直和水平方向上分析了城市系统碳储量、碳通量和碳流通,以揭示城市系统碳循环的内部机理。Chen S Q 和 Chen B(2012)建立了自上而下的碳代谢网络模型,模拟了主要经济社会部门和城市生态系统间的碳交换,并分析了城市碳代谢的层次结构和部门间关系,进一步明确了碳排放相关的主要网络链路。

这些碳代谢相关的研究均表明,由于城市基础设施的密集、物资的积累和家庭消费的增加,城市系统累积的物质碳不可忽视,这将会给未来气候变化应对的成效带来巨大影响。除历史碳排放外,其余以原材料或产品形式进口至城市经济体的物质碳,同样有可能在未来以二氧化碳或甲烷等温室气体的形式释放到大气中。有学者已指出了追踪全社会含碳产品的必要性和紧迫性,并对城市碳代谢系统中的流量和存量变化进行核算(Shigetomi et al.,2019;Chen et al.,2020a,2020b)。然而,将碳代谢分析结果应用于城市政府部门的碳管理政策制定,仍需要进一步提出可直接用于气候影响评估的指标体系,以便使用统一、可量化的标准来比较不同城市的减排进展与潜力,并系统性地提出城市经济体的脱碳路径。目前,许多国家已明确提出了碳中和的具体目标和时间表,许多城市也制定了实现净零排放的行动指南,以对 21 世纪全球 1.5℃控温目标做出必要的贡献(van Soest et al.,2021;Duan et al.,2021)。建立基于碳代谢的评估体系将有助于识别我国城市未来碳减排潜力,为经济发展的低碳转型提供理论依据,并通过寻找合适的城市样本示范,助力我国碳达峰、碳中和目标的实现。

目前,利用城市生态系统建模分析碳排放成因与过程,已成为应对全球气候变暖的热点研究领域。已有模型对城市生物物理条件、土地利用模式和碳库变化等方面进行了模拟。由于城市物质循环的特殊性,城市生态学家 McDonnell 和 MacGregor-Fors(2016)提出了城市生物地球化学的概念,强调模拟城市元素循环的自然和人为控制。Alberti(2008)认为这一新兴领域可以更系统地分析人类活动对于城市碳库积累的影响与作用过程,从而确定城市的主要碳源和碳汇。在此理论基础上,Churkina 等(2008)通过使用一组美国城市作为研究案例,根据城市土地利用、建筑物构成以及生物量等参数,分析了城市不同区域的碳库存量、二氧化碳排放和固碳能力,以模拟城市扩张对不同区域碳储量(如土壤、植被、垃圾填埋场和建筑物)的影响。Pataki 等(2005)则采用自上而下的模型方法,对城市生态系统的主要碳库进行系统测算,并比较了全球不同地区城市的碳排放增量,模拟了土壤和植被在城市碳循环中的作用。

3.2　城市碳代谢系统分析方法

3.2.1　城市碳代谢分析方法框架

本章的城市碳代谢分析方法框架可用于研究经济社会部门与自然环境间的碳流动对当前和未来气候的影响(图 3-1)。该框架主要关注城市区域内物质碳的代谢过程,而不考虑与其他上游城市或地区相关的贸易引起的碳排放(即虚拟碳)。与传统的以二氧化碳等温室气体为主的碳账户不同,本章提出的方法框架从系统的角度出发,扩展了碳核算的边界,量化了经济社会活动和自然过程等各环节对城市碳代谢的贡献。在此基础上，建立了由流量指标和结构指标组成的评估体系，用于确定与城市消费产品管理相关的脱碳现状和减排潜力，从代谢视角为城市碳管理提供理论和方法学支持（陈绍晴等，2021b）。

图 3-1　城市碳代谢分析方法框架

　　根据城市内各经济社会部门和自然组分之间的相互作用，本章建立了碳代谢系统的统一核算框架。该框架主要由五个经济部门（农业、制造业和服务业、建筑业、交通部门、家庭和政府消费），以及城市本地生态系统和外部市场等组分构成。该框架综合考虑了自然生物物理过程和社会经济活动，涵盖了不同部门之间的碳流、城市经济体与自然生态系统之间的碳交换（包括本地获取、物质碳进口、废物回收、物质碳出口），以及各经济社会部门的碳存量变化。由于目前尚缺乏城市尺度的物质代谢全球化数据库，为满足碳代谢系统的结构需求，本章对城市及区域的物流数据（如商品购买、物料输入、燃料消费、碳排和废物处理等）进行了逐一编制。然后，根据含碳因子将物质流（以吨物质为单位）折算成碳流（以吨碳为单位）。在分部门核算基础上，本章还在总量和人均水平上定量分析城市碳流的总体情况。

　　基于这一方法框架，本章对城市内部各经济社会部门之间以及城市经济体与外部环境之间的碳流进行了统一核算，追踪了与城市经济活动相关的碳代谢过程。随后，还分析了碳输入和碳通量等碳代谢流与碳排放的分部门差异，并揭示了这些碳代谢流与能源消费（以及能源强度）和建筑面积（以及居住面积）之间的相关性。最后，从代谢流量和代谢结构两个角度出发，提出了城市碳代谢系统评估指标体系，并将其应用于比较国内外城市经济社会发展在脱碳现状和未来脱碳潜力方面的差异，旨在为我国乃至全球城市实现低碳经济转型和 21 世纪控温目标提供新的思路和理论依据。

3.2.2　案例研究与数据来源

本章选取了全球 12 个城市作为研究案例，包括北京、天津、南京、广州、开普敦、伦敦、洛杉矶、纽约、巴黎、新加坡、悉尼和多伦多。国内这些城市代表了北方城市和南方城市，具有多样化的气候地理特征和经济体产业结构；国外城市主要分布在五大洲的相对发达国家，在气候条件、经济规模、收入水平、人口密度方面各有差异，但在各自国家的碳排放总量中占据相当比例。所选城市案例均有可靠的城市代谢数据记录。所选城市物质流动和能源消费的数据获取方法和编制过程在 Chen 等（2020b）中有详细介绍。不同物质的含碳因子数据可以从联合国政府间气候变化专门委员会报告和相关文献中获取，包括燃料、木材和木制品、纸张、食物和其他农业产品、工业用料、建材等（Fujimori and Matsuoka，2007；Lauk et al.，2012；Hao et al.，2015）。需要注意的是，由于目前还没有专门针对全球城市的代谢流数据库，因此模型中使用的数据是通过对城市层面的能源和物质流进行逐一调查和编制而成的。编制过程包括以下步骤：首先，在实证案例分析中，通过查阅各城市的统计年鉴或城市官方统计网站，选择了能够获得详细、可靠信息的年份（由于数据稀缺，本章把分析的时间固定在 2008 年前后），以尽可能满足碳代谢核算框架的数据需求，确保计算的信息可靠性和城市间的可比性；其次，对不同来源的碳代谢流进行互相补充和校正，分析各部门碳代谢流的最终流向；最后，按照碳代谢核算框架对数据进行部门间编制和输入–输出调平，确保每个经济社会部门对应的碳账户达到平衡，并满足分析的需求，支持城市各个碳代谢系统指标的评估。国内能源消费和建筑面积等数据主要来自各城市的官方统计年鉴，国外城市相关数据主要来源于文献报告（Grubler et al.，2012；Kennedy et al.，2015）。

3.3　全球案例城市碳代谢规模与结构

图 3-2 分析了国内外案例城市碳通量、碳输入量和碳排放量三个指标上的差异分布。国内案例城市总碳输入量（total carbon inflow，TCI）在 32 兆吨到 72 兆吨之间，人均水平为 3.5 吨至 6.4 吨（均值为 4.1 吨），低于 8 个国外案例城市的人均城市碳输入量（4.8 吨）。碳通量也呈现相似的差异。国内案例城市的总碳通量（total carbon throughflow，TCT）在 65 兆吨至 140 兆吨之间（人均水平为 8.1 吨），而国外案例城市的总碳通量为 40 兆吨至 78 兆吨（人均水平为 9.5 吨左右）。无论从城市碳输入量还是碳通量的角度衡量，南京和广州的碳代谢规模与伦敦和巴黎相近。然而，由于不同的发展规模（如人口规模、产品消费、商业和住宅建设），北京和天津的碳通量是这两个欧洲城市的 2 倍，但人均碳通量都在 7~8 吨，远低于悉尼和多伦多的人均水平（11~12 吨）。一个重要原因是，国内大城市的人口密度比悉尼和多伦多更大，公共设施的利用率也更高。

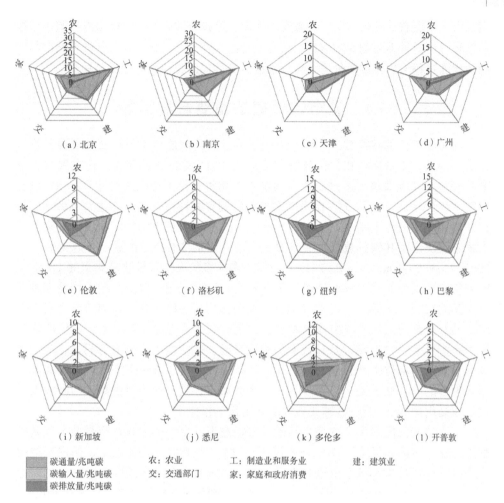

图 3-2　国内外案例城市碳通量、碳输入量和碳排放量的分部门差异

　　虽然各城市不同部门的碳流比例有所不同，但总体来说，制造业和服务业是占主导地位的部门，其次是建筑业、家庭和政府消费与交通部门。国内案例城市（北京、南京、天津和广州）与欧美城市相比，在制造业和服务业的碳通量和碳输入量上更高（平均高 7~12 个百分点），但在家庭和政府消费方面明显较低（平均低 6~9 个百分点）。相较于碳排放量，城市间的碳通量和碳输入量的差异有所缩小。碳排放是全球城市碳代谢的主要终点之一，占城市碳输入量的 40%~54%，占城市总碳通量的 20%~27%。也就是说，城市代谢中的其他碳流动约为城市即时碳排放的 3 倍。此外，碳排放比例在城市间的差异较大，如巴黎和洛杉矶的碳排放比例比北京和天津高出 7~8 个百分点。对于交通部门，几乎所有的碳输入量均以碳排放形式代谢，这主要与车辆和交通基础设施的化石能源消费的主导作用有关。相比之下，建筑业的碳排放只占其碳输入的 9%~29%，其余大部分是木材等建筑材料和原生资源的处置。制造业和服务业的比例介于交通部门和建筑业之间，即碳排放和产品物质

碳各占一半左右。由此可见，碳通量、碳输入量和碳排放量在分析国内外城市碳账户差异时可提供不同侧面的信息，具有一定的互补性，因此三者在刻画各城市部门的碳代谢过程上均有重要价值，对其加以区分的同时也应该注意结合应用。

3.4　城市碳代谢的重要影响因素

除了各部门的碳排放外，城市部门层面的碳代谢账户还包括其他重要的物质碳流。因此，本章通过相关性分析方法来观察碳代谢的影响因素。研究发现，城市的碳输入和碳通量与碳排放在人均水平上调整线性拟合优度均达到 0.85 以上［图 3-3（a）和 3-3（c）］，在强度水平上的调整线性拟合优度均达到 0.90 以上，存在显著的相关性［图 3-3（b）和 3-3（d）］。这表明城市的经济发展水平和生活方式不仅决定了其碳排放量，而且对整个碳代谢系统有广泛的影响（赵荣钦等，2009；Chen S Q and Chen B，2012）。比如，多伦多的人均碳排放是北京的 1.8 倍，而人均碳通量和人均碳输入分别是北京的 1.6 倍和 1.5 倍。多伦多的人均城市生产总值是北京的 3.9 倍，同时前者也有更大的人均居住面积和更长的通勤距离，决定了其有更高的人均气候影响。然而，北京的碳排放强度（单位生产总值的碳排放）是多伦多的 2.4 倍。从碳代谢的角度来看，这一技术差异更为明显，北京的碳通量强度（单位生产总值的碳通量）和碳输入强度（单位生产总值的碳输入）是多伦多的 2.9 倍左右。广州作为一个超大城市，其人均碳通量和人均碳输入仅比巴黎高出约 8%，但在碳排放强度上却高出 6 倍以上。

从人均和强度两个角度综合判断，可以清晰看出三个指标在衡量城市气候影响上存在一定的差异［图 3-3（e）和 3-3（f）］。虽然在人均排名上，国内城市在三个碳指标评价中都排在中游及之后，但在总碳通量和城市碳输入上的表现却有所不同。北京和广州在人均碳排放的排名上分别处于 12 个城市的第 8 位和第 11 位，但按照人均碳输入和人均碳通量，北京和广州的排名均上升 1 名（即气候影响变高）；相似地，天津人均碳输入和人均碳通量排名则比人均碳排放上升了 2 名；南京的情况刚好相反，即人均碳输入和人均碳通量排名相对于人均碳排放有所下降（即气候影响变低）。从碳通量、碳输入、碳排放强度的角度看，国内案例城市均位居前四位，相对于国外案例城市仍有较大的改善空间。

图 3-4（a）表明，城市人均碳通量与人均能源消费具有较强的相关性（调整拟合优度为 0.78）。比如，多伦多的人均能源消费（163 吉焦）是南京和广州的 2 倍多，而其人均总碳通量也达到了后两者的 1.7 倍。能源消费与城市制造业和服务业、交通运行和居民生活等部门均息息相关，并与其他资源输入相互耦合，因此这也在一定程度上决定了城市的碳代谢规模。然而，人均碳通量与能源消费强度并不存在显著的相关性。能源强度更多的是用于揭示城市间发展阶段和技术水平的差异，并不直接与碳代谢规模相关联。图 3-4（b）表明，城市的人均碳通量与人均建筑面积也具有一定的相关性（调整拟合优度为 0.39），与人均住房面积也有类似的相关性。比如，悉尼

居民拥有两倍于南京的建筑和住房面积，而其碳通量也是后者的 1.5 倍。研究表明，更大的人均居住面积会带来能耗的额外增加（Kennedy et al.，2015）。建筑面积可反映城市建设的规模，同时也影响了建筑物的耗能水平，从而左右城市的气候影响。

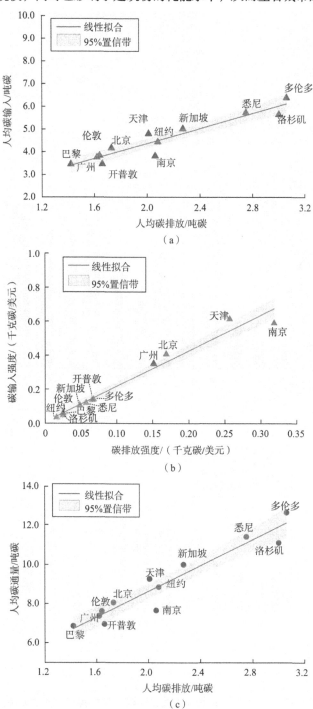

（a）

（b）

（c）

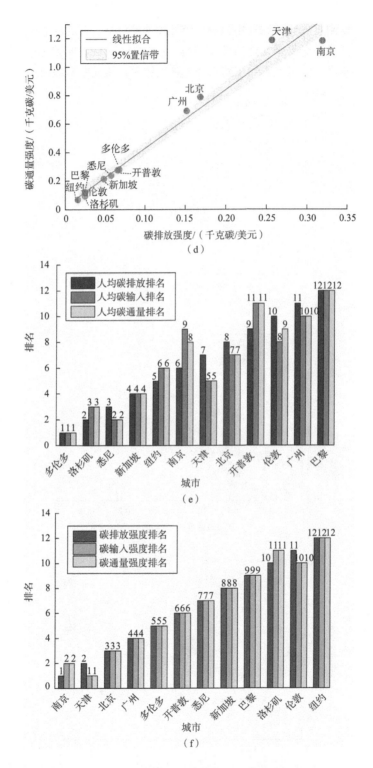

图 3-3　人均和强度水平下城市碳通量、碳输入与碳排放相关性以及排名差异

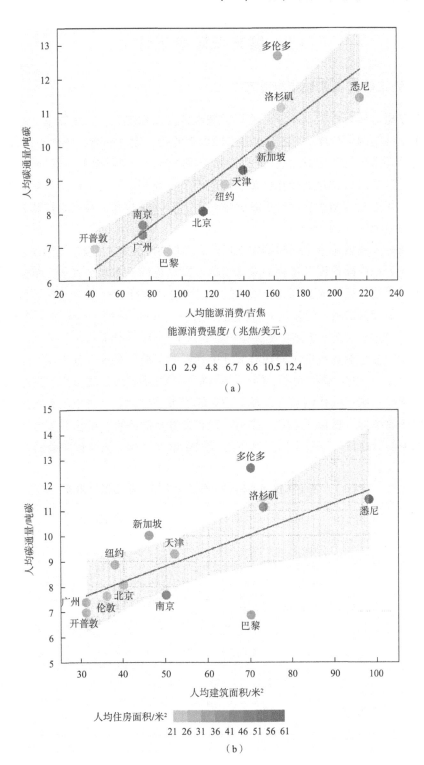

图 3-4 城市人均碳通量与能源消费和建筑面积的相关性

3.5   城市低碳表现评估

3.5.1   城市碳代谢系统指标体系

基于碳流核算框架，本章还建立了城市碳代谢系统评估指标体系，从流量水平和系统结构两个角度，评估国内外不同城市的碳代谢性能与经济社会脱碳程度。与传统的碳排放核算指标相比，碳代谢系统评估涉及经济社会和自然环境的范畴，涵盖了进口、出口、存量变化和废物输出等多个环节，因此可以更为系统地捕捉到城市气候影响的动态变化，反映全球城市的脱碳现状和未来重点领域的碳减排潜力（陈绍晴等，2021b）。

该指标体系由流量指标和结构指标两大类组成。其中，流量（包括存量变化）指标量化了城市碳代谢各过程的综合影响，以总量或人均水平表示；结构指标则反映了代谢路径的组成比例和分布特征，以百分比表征。表 3-1 总结了城市碳代谢系统评估指标的特点，包括分析视角（代谢过程的同化端、异化端或同化–异化混合端[①]）、基本定义（所测算相关指标的物理意义）、评估属性（评估指标针对的具体方面）和已测算程度（即现有文献中指标的可获取程度，分为低、中、高三种）四个方面。无论是同化端、异化端或同化–异化混合端，均可选取指标以反映某一个维度的城市碳代谢系统，具有相对的不可替代性。相较于已有大量研究关注的碳排放指标，城市碳赤字、进出口量和废置量的测算程度相对较低，而部门活动相关的碳通量、碳输入以及城市内部的存量等指标的测算程度最低。

表 3-1   基于流量和结构的城市碳代谢系统评估指标体系

指标类型	具体指标	分析视角	基本定义	评估属性	已测算程度
流量指标	总碳通量	同化–异化混合端	城市各部门碳流通量之和	城市碳代谢的信息容量	低
	总碳输入	同化端	从各类途径输入到城市内部的碳流量	城市区域内活动引起的气候影响	低
	总碳进口	同化端	城市从外部环境进口的碳流量	城市从外部环境进口的资源和产品所带来的气候影响	中
	总碳出口	异化端	向外部环境输出的碳流量	城市所生产出口的资源和产品所带来的气候影响	中

[①]城市代谢中同化端–异化端的定义见文献（Goodland and Daly，1996），同化端主要指资源的输入和能量的摄取，而异化端主要指废物废气的输出和能量的耗散。

指标类型	具体指标	分析视角	基本定义	评估属性	已测算程度
流量指标	碳贸易赤字	同化–异化混合端	城市总碳进口与总碳出口之差	城市系统所摄入的净碳流量	中
	碳滞留量	异化端	以耐用品形式暂滞留在城市经济体的碳量	当年城市系统碳库存的变化	低
	碳排放量（CE）	异化端	城市各经济社会部门人为碳排放（二氧化碳）之和	城市直接碳排放与电力相关的间接排放	高
	碳废置量（CW）	异化端	城市各部门固体废弃物之和	城市消费所废置的物质碳大小	中
	物质碳累积量（CA）	异化端	城市气态碳排放之外的输出碳流量之和	城市经济体消费和出口引起的累积碳排放风险	低
	碳贸易赤字率（CTR）	同化–异化混合端	城市总碳进口与总碳出口之差占总碳平衡的比例	城市系统所摄入的净碳流量在城市碳账户中的重要程度	中
结构指标	碳滞留率（CSR）	异化端	城市中滞留的碳占总碳通量的比例	城市滞留碳对总碳平衡的贡献	低
	碳排放率（CER）	异化端	城市碳排放占总碳通量的比例	城市碳排放量对总碳平衡的贡献	中
	碳废置率（CWR）	异化端	城市含碳固体废物占总碳通量的比例	城市含碳固体废物对总碳平衡的贡献	中
	物质碳累积率（CAR）	异化端	城市未释放的物质碳占总碳通量的比例	在总碳平衡中城市未来碳排放风险比率	低

在分部门核算中，部门 i 的总碳通量（T_i）表示该部门联结的所有碳流量，既可以从输入端也可以从输出端来表征及量化，如式（3-1）所示：

$$T_i = \sum_{j=1}^{n} f_{ji} + f_{exti} + f_{loci} + f_{reci} = \sum_{i=1}^{n} f_{ij} + f_{iems} + f_{iwas} + f_{iloc} + f_{ics} \quad (3-1)$$

式中，i 和 j 分别为行方向的经济部门和列方向的经济部门；n 为部门总数；f_{ji} 和 f_{ij} 分别为从部门 j 流向部门 i 以及从部门 i 流向部门 j 的碳流量；f_{exti}、f_{loci} 和 f_{reci} 分别为城市以外的碳输入（即碳进口）、当地碳供应和循环利用量；f_{iems}、f_{iwas}、f_{iloc} 和 f_{ics} 分别为碳排放、含碳固体废弃物、可降解的循环碳流和碳存量变化。

在整体核算上，城市总碳通量表示所有部门碳通量之和。总碳通量不仅包括自然界进口的碳，还包括部门间的碳流动，可用于表示城市碳代谢的容量，反映城市系统和外界以及自然系统间碳交换的完整信息。某个城市的总碳通量较大，不能说明其气候影响较大，但可以反映出含碳产品涉及的流通环节较多，因此对于各部门的潜在管理路径也更复杂。比如，如果某一城市比另一城市的零售服务业碳通量更大，就应该考虑到在前一城市管控零售服务业可能会对其他部门产生更为显著和广泛的影响。与总碳通量不同，总碳输入为城市区域内经济社会活动所驱动的城市碳代谢规模，反映出整个城市经济体的气候影响（包括直接影响和潜在影响）。总碳通量和总碳输入的计算如式（3-2）和式（3-3）所示。

$$TCT = \sum_{i=1}^{n} T_i \tag{3-2}$$

$$TCI = \sum_{i=1}^{n} (f_{exti} + f_{loci} + f_{reci}) \tag{3-3}$$

此外，城市总碳输入强度为单位城市生产总值所驱动的碳输入，可以表示城市经济体碳代谢影响强度，而总碳通量强度为单位城市生产总值所驱动的碳通量，可以表示城市经济体碳代谢的信息量。相对于碳排放的传统分析，城市经济社会各部门碳输入和碳通量的核算为代谢视角下的城市碳代谢系统评估提供了定量化基础，支持实现更为系统的城市间碳账户比较。

城市总碳进口（total carbon import，TCM）表示从外部环境进口碳流总量（资源和产品进口），而城市总碳出口（total carbon export，TCE）是向外部环境输出的碳流总量（资源和产品出口），分别可以由式（3-4）和式（3-5）得出。

$$TCM = \sum_{i=1}^{n} \sum_{j=1}^{n} f_{ji} + \sum_{i=1}^{n} f_{exti} \tag{3-4}$$

$$TCE = \sum_{j=1}^{n} \sum_{i=1}^{n} f_{ij} + \sum_{i=1}^{n} f_{iems} \tag{3-5}$$

碳贸易赤字（carbon trade deficit，CT）表示城市摄入净碳量，由城市总碳进口与总碳出口之差计算得到，如式（3-6）所示。与此相对应，碳贸易赤字率（carbon trade deficit ratio，CTR）是碳贸易赤字占总碳输入的比例，用于表示城市对于净碳进口相对依赖度，其计算如式（3-7）所示。大部分现代都市存在明显的生产活动外包现象，城市生产一般远不足以满足城市居民的消费和投资需求。有研究表明，这一现象在收入和消费水平更高的城市更为明显（Minx et al.，2013；蔡博峰，2014）。碳贸易赤字可以反映进出口的差异，从代谢的角度揭示不同城市对外的依赖程度是否存在差异。

$$CT = TCM - TCE \tag{3-6}$$

$$CTR = CT / TCT \tag{3-7}$$

碳滞留量（carbon stagnation，CS）是已注入城市库存，暂时滞留在城市经济体中的碳，反映出被研究年份的碳储量变化，其计算如式（3-8）所示。与此相对应，碳滞留率（carbon stagnation ratio，CSR）是碳滞留量占总碳平衡（即碳通量中扣除中间输出流量，可从异化端进行衡量）的比例，其计算如式（3-9）所示。类似的存量变化指标在物质流分析中较为常见，但大多针对氮、磷、铁等元素，对于碳元素的追踪分析不足（石磊和楼俞，2008）。碳滞留量和碳滞留率可为估算未来较长一段时间的存量释放引起的新增碳排放提供关键信息。

$$CS = \sum_{i=1}^{n} f_{ics} \tag{3-8}$$

$$CSR = \frac{\sum_{i=1}^{n} f_{ics}}{TCT - \sum_{i=1}^{n}\sum_{j=1}^{n} f_{ij}} \tag{3-9}$$

碳排放量（carbon emission，CE）和碳排放率（carbon emission ratio，CER）分别是城市各部门碳排放量之和及其占总碳平衡的比例，其计算如式（3-10）和式（3-11）所示。碳排放量是目前测算较多的低碳衡量指标，与城市的气候变化影响直接相关（Kennedy et al.，2009）。碳排放率是从代谢异化端反映含碳产品最终有多少直接转化为碳排放的结构指标。由于碳排放率的计算需要代谢信息的支撑，目前测算程度并不高，需要进一步研究讨论其对于城市脱碳的政策意义。

$$CE = \sum_{i=1}^{n} f_{iems} \tag{3-10}$$

$$CER = \frac{\sum_{i=1}^{n} f_{iems}}{TCT} \tag{3-11}$$

碳废置量（carbon waste，CW）和碳废置率（carbon waste ratio，CWR）分别是指城市各部门固体废弃物之和（除去可立即分解的生物有机质）以及其占总碳平衡的比例，其计算如式（3-12）和式（3-13）所示。固体废弃物在焚烧过程中将主要以二氧化碳的形式释放碳，而在填埋过程中也可能大量释放甲烷，均产生温室效应。因此，量化固体废弃物中的含碳水平，并进行不同类型的区分，结合"无废城市"等规划设计，将是未来碳管理很重要的一环。

$$CW = \sum_{i=1}^{n} f_{iwas} \qquad (3\text{-}12)$$

$$CWR = \frac{\sum_{i=1}^{n} f_{iwas}}{TCT} \qquad (3\text{-}13)$$

物质碳累积量（carbon accumulation，CA）是指除去碳排放和城市生态系统循环之外的碳流量（即碳存量、废置、出口和家庭碳消费之和），而物质碳累积率（carbon accumulation ratio，CAR）则为物质碳累积量与总碳平衡之比，用于表示城市经济体中物质碳累积量的大小和结构情况。两者的计算如式（3-14）和式（3-15）所示。这部分的物质碳在城市中（本城市或下游城市）以各种形式累积起来，可反映城市实时碳代谢增长（或消减）状态以及消费调整所带来的减排潜力变化。为了提高城市间的可比性，本章以人均（吨碳/人）和结构比例（百分比）的形式量化城市物质碳累积程度。

$$CA = \frac{\sum_{i=1}^{n} T_i - \sum_{i=1}^{n} f_{iems} - \sum_{i=1}^{n} f_{iloc}}{P} \qquad (3\text{-}14)$$

$$CAR = \frac{\sum_{i=1}^{n} T_i - \sum_{i=1}^{n} f_{iems} - \sum_{i=1}^{n} f_{iloc}}{TCT} \qquad (3\text{-}15)$$

3.5.2 全球案例城市低碳表现评估

城市低碳评估指标的结果与排名见图 3-5。所有案例城市的碳贸易赤字和碳贸易赤字率均为正值，表明城市消费超过其生产（值越大说明该城市越偏向于消费型）。结果显示，多伦多的碳贸易赤字值最高（4.9 吨碳/人），南京的碳贸易赤字率最高（83%）。城市地区对外部市场和环境的物质碳依赖性极高，与对能源和资源的高度依赖性一致。其中，家庭和政府消费、建筑业、制造业和服务业在城市碳进口中扮演着重要的角色，三者之和占总碳进口量的 65% 以上。然而，其他城市在两个外部依赖度指标上的表现不完全一致。例如，由于经济体较小，开普敦的碳贸易赤字率相对于碳贸易赤字值的排名较高，意味着其碳净投入值占总碳平衡比例较高。由于北京的人均碳进口量明显小于多伦多，后者的碳贸易赤字是前者的 1.7 倍，而案例城市间的碳贸易赤字率差异较小（在73%~83%）。这表明，从结构上来说，城市碳代谢对于外环境的依赖程度较为一致，大量的碳以基础设施、食物、燃料等形式被城市消费和累积，表现出了相对统一的碳占用模式。

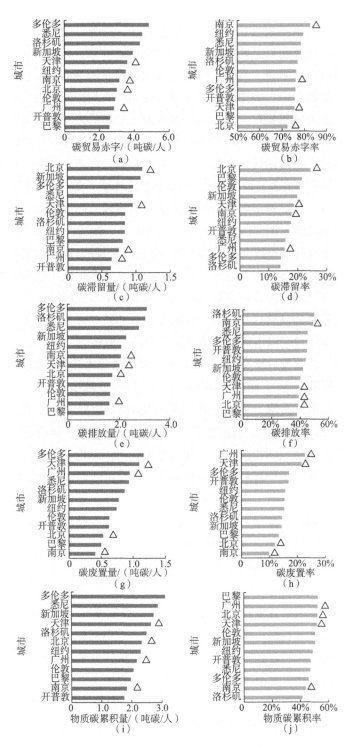

图 3-5　代谢视角下的国内外城市低碳表现差异

△　国内城市排名位置

城市排名中的碳滞留量和碳滞留率也存在较大差异，但北京、天津、南京、广州这几个国内城市在以上两个指标上的位置相对一致。以当年库存增加的方式滞留在北京城市内部的碳流为 1.1 吨/人，其碳滞留量和碳滞留率值在案例城市中均为最高。相比较而言，多伦多和悉尼具有较高的人均碳滞留量，但碳滞留率相对较低，结构上的碳累积程度不高，与这些城市较高的人均消费水平和特定的城市布局模式有关。比较之下，南京和广州当年的碳库存积累的速度较慢，略低于欧美城市。然而，从代谢结构来看，南京和广州的碳滞留率排名有所提高（达到18%和16%，与天津的碳滞留率接近），表示在其总碳平衡中，碳存量是一个非常重要的组成部分，可能对未来碳减排带来潜在的挑战。研究表明，城市经济体的累积碳可达到植被碳库的两倍以上（Churkina et al.，2010；Churkina，2012）。与Churkina 等所估算的城市碳存量密度不同，研究结果显示，从碳代谢的角度考虑，城市地区碳周转率更高。对于碳滞留的测度可揭示有多少碳（进口或本地供应的碳）以城市库存增加的形式被暂存在城市内部，对于掌握城市在较长时间范围内的脱碳潜力有重要的政策意义。城市在碳滞留量和碳滞留率的排名差异佐证了同时考察这两个指标对于城市碳库存评估和管理的必要性。

案例城市人均碳排放量在 1.4~3.1 吨碳，城市间最大差异达到将近 1.2 倍（多伦多与巴黎之间的差异）。国内案例城市的人均碳排放量排名均在第 6 名及以后，平均值为 1.8 吨碳，比位于北美洲和大洋洲的案例城市低 34%左右，但比欧洲城市（伦敦和巴黎）高出 20%。相比之下，北京、广州和天津的碳排放率相对较低，约有 38%的异化端碳代谢以排放形式释放至大气中。无论从人均碳排放量还是从碳排放率来看，多伦多、洛杉矶和悉尼都是高碳城市，因为交通（通勤时间长）和生活消费（消费水平高）相关的排放都较高。此外，地理气候条件（如城市形态、城市化水平和年均温度）和社会运行因素（如基础设施、清洁能源可获得性和交通运输模式）也会影响城市的碳排放水平。广州的高人口密度带来的居住和交通集聚效应，以及较高的服务业比例，使其人均碳排放量比其他国内案例城市更低。

不同城市人均碳废置量也存在较大差异，碳废置率在 10%~23%。广州和天津的人均碳废置量排名在前三位（0.8 吨碳以上），而南京和北京排名靠后，这主要与食物、木材和其他资源的消费模式差异以及建筑和设施更新速度有关。城市的含碳废物在部门层面上的分布则有很大不同。总的来说，产生最多含碳废物的行业是建筑业，其次是制造业和服务业，分别平均占总废弃量的 38%和 20%，超过其他部门之和。因此，在当下的"无废城市"和循环经济的建设中，需要重点关注建筑业、制造业和服务业后期的废物处置过程中可能带来的高碳代谢方式及其气候影响。

最后，人均物质碳累积量和物质碳累积率的评估结果显示，国内案例城市的累积程度差异较大，与国外其他发达地区城市并无明显的分隔。南京人均物质碳累积量值排在倒数第二，而天津在所有案例城市中排第四（人均物质碳累积量值为南京的 1.4 倍）。从全球范围来看，多伦多和悉尼的人均物质碳累积量值比国内案例城市的均值要高出 30%。然而，从代谢结构来看，广州、北京和天津物质碳累积率较高（即异化端碳平衡中 50% 左右转化为该城市或者其下游城市的碳累积量），比多伦多和洛杉矶高出 8 个百分点。物质碳累积量的城市排行与碳滞留率的排行有一定关联性，表明碳滞留的过程是城市物质碳累积量的重要环节。这两个指标从不同角度揭示了城市输出端所显示出的物质碳累积水平。排名较高的城市未来碳减排的可能性会增加，需要对含碳耐用产品从生命周期角度进行有效管理，从而实现进一步低碳或零碳经济社会发展。

在快速城市化进程中，城市区域对全球碳平衡影响日益巨大。如何定义城市的碳化水平以及选择何种指标来评判与管理城市的低碳表现是气候变化应对研究的重要问题（毕军等，2009；Chan et al.，2013；Ramaswami and Chavez，2013）。在城市碳排放核算的基础上（蔡博峰，2011；鞠丽萍等，2012；林剑艺等，2012；Mi et al.，2016），许多学者从碳源碳汇、能源消费、技术变化和全球产业链等角度对城市的气候影响进行了评估，并提出相应的碳减排路径（林伯强和孙传旺，2011；石敏俊和周晟吕，2010；王海鲲等，2011；Kennedy et al.，2009；Minx et al.，2013；刘竹等，2020）。本章基于城市碳代谢账户构建碳代谢表现评估指标体系，系统地揭示城市对全球变暖的贡献和未来的碳减排潜力。这一评估体系可作为城市碳管理的一种补充性的方法与工具，为调控城市经济社会部门的发展路径提供多元化的信息，同时也加强了碳代谢指标的政策相关性（Peters et al.，2012；Chen et al.，2020b）。该评估体系可以帮助回答城市碳管理的相关问题，比如，在确保基本经济活动和居民生活需求的同时，如何降低碳输入量和物资消耗；如何监控城市碳的输出端，实现城市碳库和固体废物的科学管理，从而降低最终以气态形式释放的碳排放量。同时，评估最终能源和材料减量化或利用效率提升技术应该基于更为完整的代谢视角。

相较于碳的输入和流通，总碳排放量和人均碳排放量在现有研究与决策中受到更多的关注。学者采用自上而下或自下而上的模型，反映城市气候变化的影响与应该承担的责任，同时表明历史碳排放和"已锁定"的未来碳排放对于科学评估城市低碳程度同样重要（王微等，2010；Price et al.，2013；蔡博峰，2014；Ramaswami and Chavez，2013；Lin et al.，2015）。本书研究表明，在评估城市碳足迹时，排放结构也至关重要，应该对相应因素进行考量。几乎在所有情况下，流量指标和结构指标的结果都有很大的差异。因此，综合两者进行城市碳代谢系统的分析尤为重要，可避免在城市综合评估中造成误差，为评估城市的碳化程度、低碳转型情况等提供更为综合性的视角，并促进管理者对城市可持续发展和低碳社会的认知。

目前，我国已提出了低碳城镇建设激励措施和明确的目标任务，将为21世纪的全球控温目标做出重要贡献（石敏俊和周晟吕，2010；温宗国，2015；Fang and Chen，2019）。为此，城市管理者在末端控排的同时，还应合理处置好物质碳存量，稳定推进我国乃至全球城市的低碳转型，避免在脱碳过程中出现反弹式排放增长。需要注意的是，城市碳代谢研究尚处于初期阶段，在方法适用性和数据完备性等方面仍面临较大的挑战。表 3-2 总结了现有碳代谢评估的数据局限性、不确定性，并提出了未来改进和完善的方向，为下一步研究提供参考。为了实现更高效的减排管理，目前仍需要开发和健全经济社会碳代谢数据库，克服城市尺度物质流等数据不完备的问题。同时，探讨如何协调各部门，建立面向低碳甚至零碳排放的科学碳管理机制，进一步区分国内输入和国外进口对于城市碳代谢系统的影响，进行快速消费品和耐用品的影响差异化管理。此外，相关管理部门还应精细化固体废弃物的碳减排工作，进一步管控固体废弃物长时段碳排放风险，结合废弃物的资源化和碳汇的增加，探索面向碳中和目标的下一代处置思路与方案，为实现低碳、零碳经济社会的高质量发展提供决策支持。

表 3-2　碳代谢评估的数据局限性、不确定性和未来展望

项目	碳输入	碳存量变化与输出
现有数据局限	（1）除化石燃料外，其他含碳产品消费数据在现有年鉴并无直接记录，时效性较差； （2）资源循环利用的数据较为缺乏，更新也较慢； （3）建筑用木材的城市内外来源区分不明晰	（1）物质流数据部门间区分不细致； （2）存量变化难以直接统计或测算，通常以流量平衡公式推算得出； （3）产品损耗和向外环境流动与泄漏暂无统计数据
不确定性来源	（1）进口统计边界和统计口径存在差异； （2）同类产品的含碳量有细微差别； （3）直接流入家庭的含碳产品追踪量化存在不确定性	（1）出口和存量增减的统计边界和统计口径存在差异； （2）存量释放对于碳输入的补充和碳排放的影响量化存在不确定性
未来研究展望	（1）应协调各部门，尽早建立统计口径更一致、完整性更高、时效性更强的城市碳代谢数据库，满足更广范围的城市系统碳管理需求； （2）应进一步区分国内输入和国外进口对于城市碳代谢的影响，进行快速消费品和耐用品的影响差异分析	（1）应建立方法整合国内外不同类型城市的行业统计数据与现在的存量计算数据； （2）应精细化固体废弃物的碳排放评估，进一步管控固体废弃物长时段碳排放风险，探索面向碳中和目标的废弃物处置方式； （3）应注意与城市碳汇评估相结合，分析城市内部的碳捕捉对于碳代谢评估的影响

3.6　本章小结

本章在碳代谢分部门输入–输出核算的基础上，分析了碳输入、碳通量等指标与多个社会经济因素的相关性，进而建立了由流量指标和结构指标组成的城市碳代谢系统评估体系，对国内外 12 个案例城市进行评估，从人均水平和结构组成两个角度来比较城市间低碳表现差异。该评估体系既考虑碳排放，又考虑包括其他流量和存量在内的整个经济社会碳账户，可揭示城市气候变化影响现状和未来碳减排潜力，对不同的城市乃至区域的低碳表现评估具有普适性。主要结论包括：①本章主要发现国内的案例城市比欧美城市有更高的制造业和服务业相关的碳通量与碳输入量，但在家庭和政府消费上更低。比起碳排放，这些差异有所缩小，可见碳通量、碳输入量和碳排放量在分析城市气候影响时可提供不同侧面的信息，用于城市碳管理时应加以区分并结合判断。②本章阐明了城市的经济发展水平和生活方式不仅决定了其人均碳排放量，也对人均碳输入量和碳通量有显著的影响。城市人均碳通量与人均能源消费显著相关，与人均建筑面积和人均住房面积也具有一定的相关性，说明城市能源消费和建设规模带来的人为气候影响具有广泛性和综合性。③本章揭示了流量型和结构型的不同碳代谢指标对合理评估城市的低碳发展程度具有重要的政策意义。

第 ❹ 章

本章科学问题：城市碳代谢的网络特征与部门间关系如何量化？碳代谢流量与城市社会经济发展是否存在相关性？

城市碳代谢网络模拟与系统管理

城市代谢的各类能流与物质流在各经济部门和活动中交织成网络，理解这一网络结构与功能可以更好地提升城市地区应对气候变化的能力。模拟城市碳代谢网络可进一步探求其内部作用机理和运行规律，进而为全球城市的脱碳现状和未来重点领域的碳减排潜力提供新的见解。本章以多个全球重要城市为研究案例，核算城市经济部门和自然组分间的碳流量，从而构建相应的城市碳代谢网络模型。此外，本章基于生态网络分析法比较城市碳代谢的过程、结构和模式，并评估碳代谢网络的系统属性与城市发展和规划中社会经济属性间的关系。这种方法可用于探讨城市中各类碳流的协同问题，从而针对城市经济和人口的变化来制定系统的城市碳管理策略。

4.1 城市碳代谢网络分析

城市是全球人为温室气体排放的主要来源之一。虽然城市地区占全球陆地面积的比例不足 3%（Gamba and Herold，2009；Grimm et al.，2008），但其生产和消费活动却造成超过 70% 的全球碳排放（Seto et al.，2014）。未来几十年里，若城市内部继续发展碳密集型经济和持续扩张土地利用，全球许多城市的碳排放量将大幅增长，尤其是那些位于快速工业化国家和地区的城市（AAAS，2016；Seto et al.，2012），这将给实现 1.5°C 全球控温目标和联合国可持续发展目标带来巨大挑战（UN HABITAT，2016）。因此，城市应该为全球碳排放的削减做出更大贡献（Wigginton et al.，2016）。然而，不同城市间的社会经济发展趋势和生物地球化学循环存在高度异质性，这增加了城市碳减排进程的不确定性。

在减缓全球变暖的行动中，学者致力于建立适用于不同发展阶段、经济结构、人口结构和气候条件的城市碳排放核算方法（Creutzig et al.，2015；Reckien et al.，2017）。一种方法是跟踪与城市代谢活动相关的边界内和跨边界碳排放（Chavez and Ramaswami，2013；Chen et al.，2019a；Lin et al.，2015；Liu et al.，2015；Ramaswami et al.，2017b）。然而，由于城市跨边界活动的复杂性，这种方法要求获取城市经济体的多边贸易模型数据（如城市尺度的投入产出表）。另一种方法是通过融合物质流分析和生命周期分析来核算产品级别的隐含碳排放量（Kennedy et al.，2009；Ramaswami et al.，2008）。在第二种方法中，碳排放量可根据城市经济部门所消耗的能源和材料的排放强度来进行量化，受贸易数据约束较少。这种方法的特点是将碳排放嵌入更广泛的城市碳代谢框架，并链接到传统的碳循环模型中（Pataki et al.，2006；Churkina，2008；Churkina et al.，2010）。不少学者认为，追踪城市中所有的物质碳至关重要，因为从系统的角度来看，囊括含碳产品（化石燃料和非化石燃料产品）消费在内的所有经济部门的活动将通过自然和经济交换来影响碳排放量（Churkina，2008；Peters et al.，2012）。

除了清单编制之外，网络模型（Pizzol et al.，2013；Schramski et al.，2015）也被视为识别城市碳代谢模式的一种基础方法（Chen S Q and Chen B，2012）。其中，生态网络分析在揭示生物系统中的流动结构和模式方面有重要作用（Hines et al.，2016；Rakshit et al.，2017；Schramski et al.，2006），并且在人类主导的系统中具有适应性（Pizzol et al.，2013；Schramski et al.，2015），因而受到了广泛关注。生态网络分析提供了一套强大的建模方法和指标，并已被用于支持可持续资源管理的决策（Borrett et al.，2018；Fath，2015；Layton et al.，2016）。已有研究通过建立生态网络分析模型追踪了与城市生态和经济活动相关的碳代谢路径（Chen S Q and Chen B，2012；Lu et al.，2015；Xia et al.，2018），并识别了更有效的城市规划和碳减排路径（Chen S Q and Chen B，2012；Xia et al.，2017）。

在生态系统中，碳平衡管理通常存在一个共同的规则（Falkowski et al.，2000；Luo et al.，2015），即需要确定由自然和经济成分组成的碳代谢系统存在何种共同属性以及它们与城市脱碳间存在什么联系。目前，代谢特征和社会经济特性间的相互作用仅在单一层面进行了评估，且多限于经济部门间的碳交换，而非所有相关的城市组分，所以仍需要探讨基于整体网络的模拟方法与管理路径。生态网络分析的发展主要集中在城市代谢指标的拓展和不同层面上的应用（Zhu et al.，2019；Zheng et al.，2018）。该方法可以追踪供应链沿线的碳流，并且揭示系统内部主要结构和功能，而结合环境拓展的投入产出分析与网络分析，将有助于更加综合地了解碳代谢过程和机制（Shi et al.，2021；Tang et al.，2021）。此外，代谢网络指标分析作为研究城市碳循环的新方法，对将系统思维嵌入低碳城市建设具有重要的价值（Xu et al.，2021）。

4.2　城市碳代谢网络分析框架与数据

4.2.1　代谢网络分析技术流程

本章建立的碳流网络（carbon flow network，CFN）如图 4-1 所示。城市碳流被嵌入城市代谢系统中，其中自然和人工（人类主导）组分相互作用。网络模型的 13 个聚合组分被划分为四大模块：①7 个经济部门，包括农业、林业和渔牧业（Agr），采矿业（Min），制造业（Man），电力、燃气和水供应业（Ele），建筑业（Con），交通运输业（Tra）和服务业（Ser）；②2 个城市终端消费，包括居民消费（Dom）和政府消费（Gov）；③2 个自然生态系统相关组分，包括碳存量变化（Sto）和易降解废物（Dwa），如食物残渣和其他可生物降解废物；④2 个环境排放组分，即碳排放（Ems）和难降解废物（Nwa）。通过结合物质流分析、基于活动的碳排放清单分析和生命周期分析，可量化城市各组分间的碳流，从而构建碳流网络。在核算基础上，本章还根据两类指标（即基于流量的网络指标和解译性的网络指标）评估碳流网络的性能与模式及其如何与社会经济属性相关联。

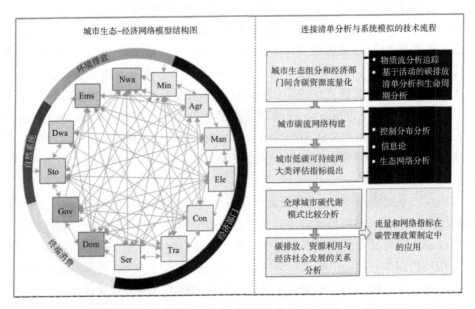

图 4-1　城市生态系统碳代谢网络模拟框架与技术流程

4.2.2　研究案例和数据

本章选取了全球 8 个城市作为典型案例，包括维也纳、悉尼、圣保罗、洛杉矶、伦敦、香港、开普敦和北京。这些城市的地理和社会经济情况见表 4-1。选择这些城市的主要原因在于：①这些城市覆盖了人口稠密且处于不同发展阶段的地区（北美洲、南美洲、欧洲、亚洲、大洋洲和非洲），具备地理条件和社会经济多样性来分析城市碳流的具体模式；②拥有相对可靠的城市能源和物质流数据来构建较为准确的碳流网络模型。

表 4-1　全球 8 个案例城市的地理位置和基本经济社会状况

城市	年份	地理位置	人口/万人	城市面积/千米²	人口密度/(人/千米²)	地区生产总值/亿美元	人均地区生产总值/美元	城市化率
维也纳	2005	欧洲	165	414	3 986	860	52 121	62%
悉尼	2008	大洋洲	480	2 036	2 358	2 130	44 375	91%
圣保罗	2009	南美洲	1 140	1 522	7 490	3 880	34 035	59%
洛杉矶	2008	北美洲	1 180	4 494	2 626	7 920	67 119	72%
伦敦	2005	欧洲	720	1 570	4 586	4 500	62 500	72%
香港	2006	亚洲	720	1 104	6 522	2 440	33 889	95%
开普敦	2006	非洲	346	1 136	3 046	550	15 896	94%
北京	2008	亚洲	1 770	1 368	12 939	1 820	10 282	85%

4.3　城市碳代谢网络核算与模拟

4.3.1　城市碳流核算与网络模型构建

1. 碳流清单

本章使用物质流分析来量化城市经济部门的碳流量与存量变化。物质流分析在确定城市代谢的规模变化方面发挥着重要作用，可以为评估经济活动对自然生态系统的影响提供强有力的数据基础（Kennedy et al., 2009；Piña and Martínez, 2013）。此外，物质流分析在城市代谢与全球生物地球化学循环相连接方面有巨大应用潜力（Bai, 2016）。本章考虑隐含在产品中的物质碳和经济部门的碳排放（包括与边界内能源使用相关的排放和进口电力的排放）。作为城市碳流的重要组成部分，将这两部分纳入考虑范围十分重要。碳流清单编制方法如下。

首先，由于大多数城市缺少直接碳流数据，本章将产品质量流数据（源于城市官方数据和已出版文献数据）转换为碳流，即将物质质量乘以碳含量系数（α），从而获得各类产品中的含碳量。特定行业的碳含量可通过累计特定产品的碳含量来核算，如下所示：

$$C_i = \sum_{x=1}^{n} \alpha^x M_i^x \qquad (4\text{-}1)$$

式中，C_i 为城市组分的碳含量；M_i^x 为由组分 i 消耗的特定类型产品 x 的重量；α^x 为该产品对应的碳含量系数。碳排放系数在不同类型的产品中有所不同，例如，燃料和生物质、农产品和食品以及工业和建筑材料等（Aguilera et al., 1992；DAFF，2008；Hao et al., 2015；Lamlom and Savidge, 2003；Moriarty and Barclay, 1981；Stockmann et al., 2012）。城市所使用的林业产品，如工业圆木和家用木制家具均包含在碳流清单中，但未考虑土地利用变化产生的间接气候影响。

其次，在当前的城市碳核算中，同时考虑了边界内碳排放和电力消费导致的跨边界碳排放（Creutzig et al., 2015；Kennedy et al., 2009）。为了计算所有城市组分流向碳排放（Ems）的流量，本章根据《2006 年 IPCC 国家温室气体清单指南》，编制了所有经济部门的直接二氧化碳排放清单（IPCC，1997）。根据对应碳含量系数对电力相关的碳排放进行量化和组合。流向碳排放的碳流公式如下：

$$C_{\text{Ems}(i)} = \sum_{k=1} E_i^k \times \omega_i^k + U_i \times \omega_i^{\text{ele}} \qquad (4\text{-}2)$$

式中，$C_{\text{Ems}(i)}$ 为经济部门 i 的碳排放总量；E_i^k 为特定类型燃料的能源消费或某特定工业过程的强度（k）；ω_i^k 为城市能源使用或工业过程中相应的二氧化碳排放系数；U_i 为外部进口电力；ω_i^{ele} 为电力的二氧化碳排放系数（取决于发电的能源组合）。

2. 碳流网络构建

Fath 等（2007）提出了针对具体系统来建立生态网络的基本步骤。该程序包括三个关键过程：①确定节点并捕获组分间相互作用；②量化不同部门间的流入、流出和通量；③利用已被广泛应用的流量平衡方法来确定最终的均衡网络（Borrett et al., 2018）。这种方法也可用于建立城市碳流网络模型。此处，碳流网络的节点指城市的经济和生态组分，而组分间的关系代表的是碳流动的方向和质量。由于物料守恒，流入某组分中的碳与转移至其他组分的碳理论上相等，即所有碳流入总和等于所有碳流出总和（存量变化作为一种组分，被视为流出量）。在矩阵中，行和等于列和。碳流网络的系统平衡表示如下：

$$T_i^{\text{in}} \equiv z_i + \sum_{j=1} f_{ji} \tag{4-3}$$

$$T_i^{\text{out}} \equiv \sum_{j=1} f_{ij} + y_i \tag{4-4}$$

$$T_i^{\text{in}} = T_i^{\text{out}} \tag{4-5}$$

式中，T_i^{in} 和 T_i^{out} 分别为每个城市组分的流入和流出总量；f_{ij} 为从组分 i 流向组分 j 的碳流量；f_{ji} 为从组分 j 流向组分 i 的碳流量；z_i 为组分 i 的边界流入（外部进口）；y_i 为组分 i 的边界流出（出口至其他地区）。

4.3.2　全球城市碳代谢网络定量模拟

图 4-2 展示了 8 个案例城市碳代谢网络中各组分间的流量。由于物料守恒网络中总流出等于总流入（每个条带上的数字代表每个组分的总碳通量，即总流出或总流入）。值得注意的是，这些流量是指由城市组分控制的直接流量，即通过贸易等联系进行的直接碳流交换。图 4-3 展示了全球 8 个城市各组分的人均碳通量。研究发现，跨行政边界（与进出口相关）的碳流量占城市系统总通量（total system throughflow，TST）的 70%。这表明城市碳代谢网络是高度开放的系统，通过频繁进口碳来作为制造业原材料或家用产品，以供本地消费或出口（使用后变为固废或气态碳排放）。尽管每个城市各组分对碳流量的贡献存在显著差异，但城市碳流网络中的 4 个主要组分基本上是电力、燃气和水供应业，建筑业，服务业和碳排放。在大多数城市的碳代谢网络中，碳排放对总碳通量的贡献最大（如悉尼占 19%）。与基础设施相关的两个经济部门，即电力、燃气和水供应业与建筑业，在城市碳交换方面占主导作用，分别平均占总碳通量的 10% 和 9%。发电产生的碳排放是发达国家或发展中国家城市碳排放的重要来源。例如，在维也纳，电力、燃气和水供应业，居民消费，交通运输业到碳排放是主要的排放路径。建筑业的碳通量则因城市而异。发展中国家的城市，如圣保罗和北京，其建筑活动可贡献高达 11% 和 12% 的总碳通量，而对于发达国家的城市，如洛杉矶和伦敦，这一比例仅为 8%，其原因主要在于发展中国家快速城市化的过程中对建筑材料（木材、水泥等）的需求量更大。存量变化是许多城市碳流网络的一个重要组分，其流量平均约占总碳通量的 8%。在圣保罗，最终进入库存的碳量（6229 千吨碳，占系统总流通量的 13%）高于排放的碳量（5756 千吨碳），是城市内部的最大碳流。在悉尼，从电力、燃气和水供应业与交通运输业到排放以及从建筑业到存量变化的流动在网络中至关重要，洛杉矶、伦敦和开普敦也具有与悉尼类似的碳流网络。在圣保罗，建筑业到存量变化和居民消费到存量变化的流动路径在碳流量中占比很大。碳流网络分析揭示了除碳排放外，城市存量的变化也可能对城市的整个碳平衡产生重大影响。

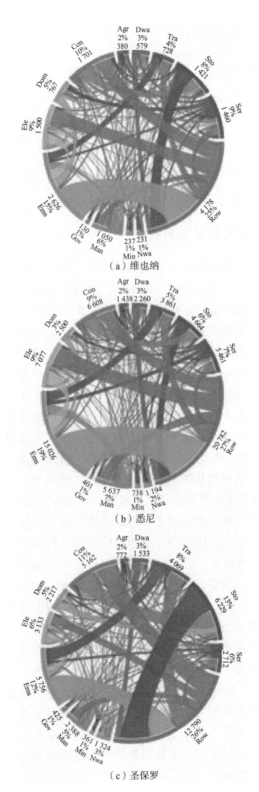

（a）维也纳

（b）悉尼

（c）圣保罗

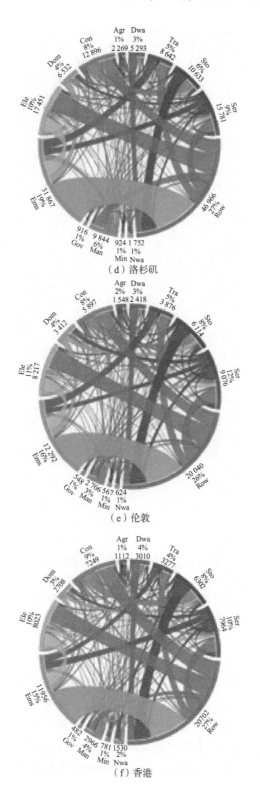

（d）洛杉矶

（e）伦敦

（f）香港

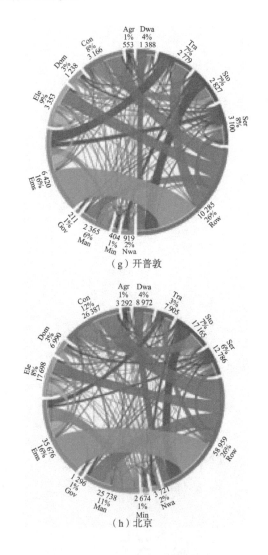

（g）开普敦

（h）北京

图 4-2　全球案例城市碳代谢网络

本图基于 Circos Table Viewer 制作而成。每个条带上的数字是指城市中每个组分的总碳通量（以千吨碳计），而百分比是它们对系统总通量的贡献。条带宽度表示两个城市组分间的碳交换量，条带接触内圈表示流出，而不接触表示流入。Row 表示世界其他地区。本图数据经过四舍五入，存在百分比合计不等于 100%的情况

学者普遍认为，人为的碳排放在自然–人类复杂系统（如城市）的碳循环中起着重要作用（Churkina et al.，2010；Pataki et al.，2006）。从城市新陈代谢的角度来看，本章的研究表明大约有五分之一的总碳通量与二氧化碳排放直接相关。此外，尽管目前还没有将存量碳视为城市气候影响测算的一部分，但大量流向存量的碳增加了未来碳排放的可能性。与传统碳排放核算相比，建立所有组分间的

碳流清单可帮助摸清城市碳代谢的规模和结构，为系统性的碳管理提供方法和数据基础。

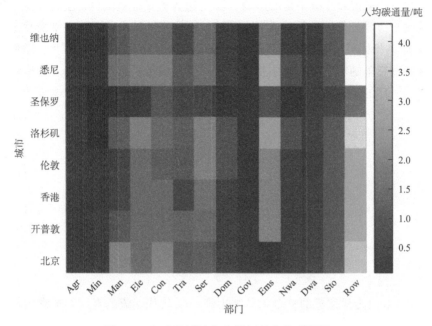

图 4-3　全球案例城市分部门的人均碳通量

4.4　城市碳代谢网络模式与功能评估

4.4.1　城市碳代谢网络模式与功能评估指标

本章对来自生态网络流量分析（Fath and Patten，1999）和生态网络信息论（Ulanowicz，1972）中的系统指标进行分类整合，利用这些指标来识别城市碳流量的代谢模式，并评估城市碳流网络的属性和功能。基于网络分析的指标与工具在自然和人类主导系统中已得到广泛应用（Borrett and Lau，2014；Fath and Borrett，2006；Kazancı，2007；Schramski et al.，2011）。在此，采用两类指标来揭示碳流网络的系统属性并探讨它们如何与城市社会经济发展相联系。

1. 流量指标

流量指标（flow-based metrics，FBMs）基于基本的物理定律（如物料守恒），适用于描述自然和人类主导的系统，由系统总通量、边界流量（boundary flow，BF）、循环流量（cycled flow，CF）和 Finn 循环指数（Finn's cycling index，FCI）构成。

系统总通量指所有组分通量的总和。本章用碳的系统总通量表示城市碳代谢规模，其中不仅包括碳排放，还包括其他物质碳流量。这一指标可以从更广泛的视角了解一个城市对于碳平衡的影响。此外，边界流量是系统总通量的一个子集，代表从城市边界外部输入的碳或者向其他地区或系统输出的碳（在平衡状态下两者相等）。该指标可反映城市碳代谢对外部市场和生态系统的依赖程度。循环流量可以从流量矩阵的对角线元素中得出，用于研究城市生态系统中通过直接和间接路径实现循环的碳流。系统总通量、边界流量和循环流量的计算公式如下：

$$\mathrm{TST} \equiv \sum_{i=1} T_i^{\mathrm{in}} = \sum_{i=1} T_i^{\mathrm{out}} \tag{4-6}$$

$$\mathrm{BF} = \sum_{j=1} z_j = \sum_{i=1} y_i \tag{4-7}$$

$$N = [n_{ij}] = \sum_{n=0}^{\infty} G^n = (I - G)^{-1} \tag{4-8}$$

$$\mathrm{CF} = \sum_{j=1} \left(\frac{n_{jj} - 1}{n_{jj}} T_j \right) \tag{4-9}$$

式中，$N = [n_{ij}]$ 为代谢流的整合无量纲矩阵；G 为代谢流的直接无量纲矩阵，由 $g_{ij} = f_{ij} / T_j$ 计算而得（Fath and Patten，1999）。

Finn 循环指数用于比较循环流量与系统总通量，可用循环流量和系统总通量的结果测定。值得注意的是，Finn 循环指数并不等同于城市经济部门的实质碳回收率，而是各组分循环供应链中的碳转移。

$$\mathrm{FCI} = \sum_{j=1} \left(\frac{n_{jj} - 1}{n_{jj}} T_j \right) / \mathrm{TST} \tag{4-10}$$

2. 解译性网络指标

解译性网络指标（interpretative network metrics，INMs）是指基于特定生态网络模型进行设置，并需要在自然或者人类主导的系统中进行应用和适应性解释的指标，包括控制和依赖关系、中心性、优势度、容量、系统稳健性和协同作用。

网络控制分析（network control analysis，NCA）被应用于量化某网络组分对另一组分的支配（或者依赖）（Fath，2004a；Schramski et al.，2006）。研究表明，网络控制分析可以有效地揭示组分间依存关系的动态变化，并识别城市代谢网络的关键控制过程（Chen S Q and Chen B，2016b）。对于碳流网络来说，这有助于确定对碳排放和废物影响最大的活动，因此可以应用于设计更有效的经济脱碳方式。本章使用了 Chen S Q 和 Chen B（2012）提出的控制指标，即控制分配（control allocation，CA）和依赖分配（dependence allocation，DA）来评估城市各经济社会部门的碳交换关系。

$$N' = (n'_{ij}) = \sum_{n=0}^{\infty} G^m = (I - G')^{-1} \tag{4-11}$$

$$CA = \left[ca_{ij} \right] \equiv \begin{cases} n_{ij} - n'_{ji} > 0, \ ca_{ij} = \dfrac{n_{ij} - n'_{ji}}{\sum\limits_{i=1}^{m} n_{ij} - n'_{ji}} \\ \\ n_{ij} - n'_{ji} \leqslant 0, \ ca_{ij} = 0 \end{cases} \tag{4-12}$$

$$DA = \left[da_{ij} \right] \equiv \begin{cases} n_{ij} - n'_{ji} > 0, \ da_{ij} = \dfrac{n_{ij} - n'_{ji}}{\sum\limits_{j=1}^{m} n_{ij} - n'_{ji}} \\ \\ n_{ij} - n'_{ji} \leqslant 0, \ da_{ij} = 0 \end{cases} \tag{4-13}$$

式中，$0 \leqslant da_{ij}$，$ca_{ij} \leqslant 1$；ca_{ij} 为基于控制者输出角度组分 j 对组分 i 的控制程度；da_{ij} 表示基于观测者输入角度组分 j 对组分 i 的依赖程度。除了 N 之外，输出导向的整合矩阵 N' 也来源于定量化的碳流网络，其中 $G' = (g'_{ji})$，$g'_{ji} = f_{ij} / T_i$。控制分配和依赖分配由一组成对的整合流 N 和 N' 确定。

中心性指标被用来表示某一组分在特定社会网络中的地位（Wasserman and Faust, 1994）。最初，中心性概念用于衡量个人在社交网络中的相对重要性（Borgatti, 2005）。在本章中，应用面向输入和输出的环境中心性（Fann and Borrett, 2012），分别对输入侧和输出侧的重要组分进行识别，由此说明城市部门从其他部门获取碳或向其他部门提供碳的相对重要性。已有研究使用通量中心性（throughflow centrality，TC）来表示每个城市部门对整个系统功能或生产力的贡献，这有助于确定对碳流网络做出贡献的主导部门（Borrett et al., 2013）。三种类型的中心性公式如下：

$$EC_i^{in} = \frac{\sum\limits_{j=1}^{n} n_{ij}}{\sum\limits_{i=1}^{n} \sum\limits_{j=1}^{n} n_{ij}} \tag{4-14}$$

$$EC_i^{out} = \frac{\sum\limits_{i=1}^{} n_{ij}}{\sum\limits_{i=1}^{} \sum\limits_{j=1}^{} n_{ij}} \tag{4-15}$$

$$TC = N \cdot z \tag{4-16}$$

式中，EC_i^{in} 和 EC_i^{out} 分别为输入导向的环境中心性和输出导向的环境中心性；z 为流入组分的边界。

优势度（ascendancy，A）可以显示组分间碳流网络的演变和发展，被广泛应用于评估各种系统的组织、效率和复杂性（Fath，2015；Ulanowicz and Norden，1990）。容量（capacity，C）通常用来定义一个网络的规模和自组织流动模式所包含的信息总量。在此基础上，有学者提出了相对优势度（α），即优势度与容量的比值（Ulanowicz et al.，2009）。该比值越高代表系统越发达、越高效和组织水平越高（Pizzol et al.，2013）。此处，相对优势度代表不同组分间碳流通的效率。计算方法如下：

$$A = \mathrm{TST}_\mathrm{P}^2 \sum_{i,j}^{n} \frac{f_{ij}}{\mathrm{TST}_\mathrm{P}} \log \frac{f_{ij}\,\mathrm{TST}_\mathrm{P}}{T_i T_j} \qquad (4\text{-}17)$$

$$C = -\mathrm{TST}_\mathrm{P}^2 \sum_{i,j}^{n} \frac{f_{ij}}{\mathrm{TST}_\mathrm{P}} \log \frac{f_{ij}}{\mathrm{TST}_\mathrm{P}} \qquad (4\text{-}18)$$

$$\alpha = A / C \qquad (4\text{-}19)$$

式中，TST_P 为一个城市碳流网络的系统总通量，包括所有碳进口、组分间流量和出口；A、C 和 α 分别为优势度、容量和相对优势度。

一个稳健的城市碳流网络，既能高效地进行各组分间的碳交换，又能对潜在的外部干扰（如某些碳路径缺乏供应）具有韧性。因此，本章引入第 4 个功能指标，即稳健性（robustness，R）。稳健性表示在单个指标中效率和冗余间的权衡程度。城市碳流网络走向任何一个极端，即过度高效或者过度冗余，碳代谢系统的稳健性都会减弱。

$$R = -\alpha \log(\alpha) \qquad (4\text{-}20)$$

网络协同作用源于效用分析，表示净正流量产生的系统效益与净负流量相关的抑制作用之比。在网络效用分析中，整合效用矩阵（U）中元素符号的组合可以用来确定两个组分间相互作用的性质，如互利共生、竞争和中性等。在本章中，重点分析正流量和负流量的比例，以获取城市碳流网络中各部门间的互利效应大小。

$$U = (I - D)^{-1} \qquad (4\text{-}21)$$

$$D = (d_{ij}) = \frac{(f_{ij} - f_{ji})}{T_i} \qquad (4\text{-}22)$$

$$\frac{b}{c} = \frac{\sum +U}{\left|\sum -U\right|} \qquad (4\text{-}23)$$

式中，U 为考虑直接和间接相对流量差的整合效用矩阵；D 为仅考虑直接相对流量差的直接效应矩阵。网络协同作用可通过正向总效用之和与负向总效用之和的比率进行计算。基于这两类指标，可以评估碳代谢的系统属性与城市社会经济属性间的关联度。本章选择了一组代表城市发展的社会经济指标进行相关性分析，包括碳排放（总量或人均）、人口、人口密度、地区生产总值（总量或人均）等。通过揭示代谢网络指标与当前城市社会经济发展的相关程度，可以识别碳减排和资源代谢优化间是否存在协同作用。

4.4.2 碳代谢网络系统层面评估

图 4-4（a）展示了碳代谢流量与城市社会经济发展的相关性。结果表明，系统总通量、边界流量和循环流量均与城市碳排放高度相关，说明城市的资源占用与碳排放呈相似的膨胀趋势。这些流量指标并不代表城市经济的碳足迹（Chavez and Ramaswami，2013；Chen et al.，2019a），相反，它们作为碳的"代谢强度"受到所有碳流过程的影响。尽管如此，这些流量指标至少在两个方面与碳排放密切相关：①城市各组分的碳排放是系统总通量的重要组成部分，在进入循环链时对网络通量做出贡献，并随后成为边界流量的一部分；②碳排放量越大往往意味着更高的能源消耗或更频繁的工业活动，这反过来又需要更多燃料、建筑材料和其他含碳产品进口来支撑。值得一提的是，系统总通量、边界流量和循环流量指标与碳排放的偏差也具有重要意义。这些指标可以提供与城市的总代谢、边界代谢和循环代谢相关的有用信息，而这些信息无法通过直接碳核算获得。此外，循环流量也是衡量经济循环程度的一个指标，可用于衡量资源流通效率和碳排放动态变化。

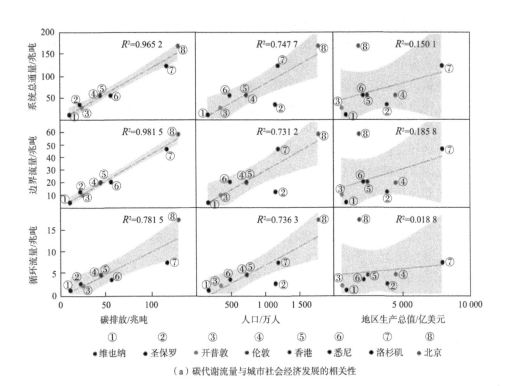

（a）碳代谢流量与城市社会经济发展的相关性

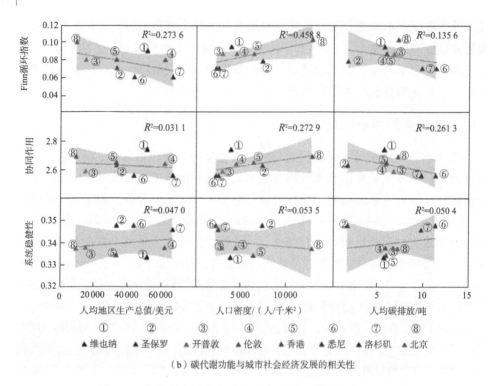

(b)碳代谢功能与城市社会经济发展的相关性

图4-4 碳代谢流量和功能与城市社会经济发展的相关性

系统总通量、边界流量和循环流量与人口数量有强烈的正相关关系，表明随着更多的人口聚集在城市，碳代谢的规模也将随之增长。但2009年即达到1140万人口的圣保罗是一个例外，其系统总通量、边界流量和循环流量都低于回归模型的预测值。从碳代谢流的角度来看，圣保罗拥有相对低碳的经济。相比之下，悉尼的系统总通量、边界流量和循环流量高于预期水平，主因可能是在交通相关的碳排放影响下，城市处于相对高碳状态。此外，地区生产总值与系统总通量和边界流量的相关性较弱。经济规模的扩大并没有对城市碳代谢产生决定性的影响，许多其他因素也可能同等或更重要，如技术水平、产业结构和出口规模等。地区生产总值和循环流量之间也没有显著相关性，因为循环链往往与城市产业和服务的经济结构及紧凑程度更相关。这意味着对于像洛杉矶这样交通部门碳排放量较大的城市，其驱动的碳代谢规模比其他案例城市更高。由于生产效率的差距，经济规模对城市代谢的影响存在很大的区域异质性。

图4-4（b）展示了案例城市的碳代谢功能（Finn循环指数、协同作用、系统稳健性）与城市社会经济发展的相关性。这些城市的Finn循环指数在0.05~0.12，表明不到10%的碳在城市代谢网络中循环。研究发现，Finn循环指数与人口密度呈正相关关系，表明随着城市空间布局紧凑程度和产业链条密集程度加大，城市中含碳产品流通性和循环利用率可能增加。与之相反，Finn循环指数与人均地区

生产总值和人均碳排放呈负相关关系，但这种相关性较弱。较高的地区生产总值可能会导致更大的系统总通量，但产值的增加通常也会增加未循环到城市经济中的碳排放。从表象上看，服务经济的直接碳排放量可能较低，但由于人均地区生产总值的增加和较低的循环，服务经济也可能导致较高的总体排放量。城市的协同效应与人口密度呈正相关关系，而与人均碳排放量呈负相关关系。人口密度较高但人均碳排放量较低的城市碳代谢系统更趋向于健康，且部门间的资源流通更稳健，表明城市脱碳化和资源代谢优化的目标有望在一个系统的城市碳管理框架中同时实现。城市的相对优势度在 0.22~0.25，而城市之间的系统稳健性存在差异（悉尼和维也纳之间的差异高达 5%）。研究发现，系统稳健性和协同作用等网络指标与人均地区生产总值、人口密度或人均碳排放都没有显著的相关性。协同作用、稳健性等解译性网络指标受到城市含碳资源流动的拓扑结构与部门间直接–间接关系的影响，因此其与城市社会经济发展趋势的相关性更为复杂，值得在日后研究中多加关注。

　　本章中案例城市的碳流网络平均系统稳健性为 0.34，均介于自然生态系统（如森林生态系统）和人工复杂系统（如商品贸易网络、虚拟水交易网络等）之间（图 4-5）。这主要是因为城市的碳流网络同时包含了自然生态过程（如垃圾分解和城市森林的碳吸收）和社会经济活动（如与能源有关的排放、产品中的碳交换和食品消费）之间的相互作用，受到了城市中自然和人类主导组分的共同影响。因此，其与人口和经济指标的直接联系并不显著。

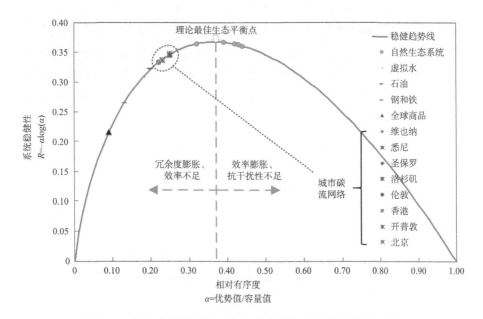

图 4-5　城市碳代谢网络系统与其他网络系统的稳健性对比

需要注意的是，城市代谢网络的复杂性与演变并不完全由社会和经济条件决定。由于随着城市社会经济的发展，城市碳流网络内的规模和特性都会发生较大改变。因此，除了常规的清单与流量分析以外，还应该利用生物系统或生态系统中常用的解译性网络指标去评估城市的资源可持续利用和碳减排问题。在自然生态系统中，稳健性有具象化的含义（如生物多样性和物种丰富度），而相比之下，城市等人类主导的社会经济系统的稳健性机制则更为复杂。比如，高密度的城市发展虽然促进了资源利用的效率，但也会伴随着流行病暴发和资源分配不均等问题，并不一定绝对稳健。在运用网络系统稳健性等指标来评估城市资源代谢的表现时，应避免单一割裂分析，采取更为全面和充分的城市间与元素间的比对研究，确定资源利用低碳化、弹性增强和效率提高等目标的优先程度，从而制定匹配城市生态管理现实的资源利用和碳减排优化策略。

4.4.3 碳代谢网络部门层面评估

基于中心性网络指标，本章在考虑到直接和间接流动的情况下评估了每个组分在不同城市中的主导作用（图 4-6）。从投入的角度来看，农业、林业和渔牧业，采矿业，交通运输业和易降解废物更为重要，即它们的输入导向的环境中心性明显高于输出导向的环境中心性。这种现象在所有案例城市中都很常见，表明无论城市处于何种发展阶段，输入模式都存在相似的规律。相比之下，碳排放、存量变化和难降解废物是出口碳的主要方式，具有相对较高的输出导向的环境中心性。碳排放在悉尼、洛杉矶的通量中心性更高，而存量变化在圣保罗的贡献更大，这证实了前面所述的碳排放和城市存量是整体碳流的两个重要代谢归属这一结论。对于维也纳、悉尼和圣保罗，碳排放、建筑业和存量变化具有相对较高的通量中心性，而在洛杉矶、伦敦、香港和开普敦，除碳排放外，存量变化和服务业占主导地位。

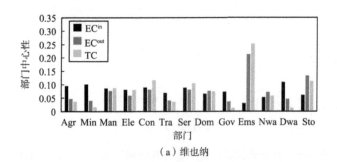

（a）维也纳

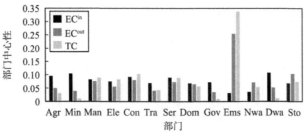

（b）悉尼

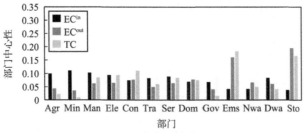

（c）圣保罗

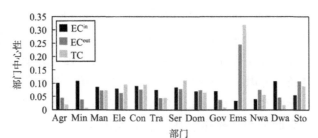

（d）洛杉矶

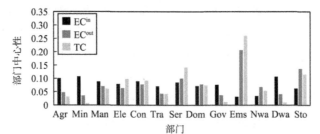

（e）伦敦

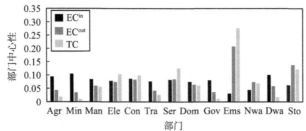

（f）香港

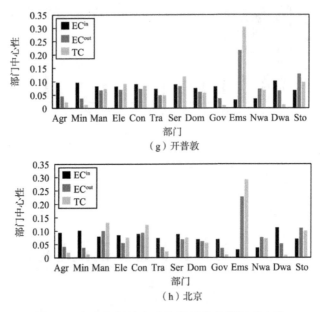

（g）开普敦

（h）北京

图 4-6　全球案例城市碳代谢网络的部门中心性

　　城市碳流网络各组分之间的控制和依赖关系揭示了高效碳管理的潜在机制（图 4-7）。识别碳流网络中的主导成分和关键过程，有助于城市选择更为有效的碳减排路径。考虑所有直接和间接的相互作用，各组分之间的控制分配呈现出较大的差异性和不均衡。总体来看，经济部门之间的控制程度低于城市经济和环境分布之间的相互作用。从控制分配指标来看，许多城市经济部门，如电力、燃气和水供应业，交通运输业和建筑业对碳排放和存量变化均有很强的控制作用。例如，在悉尼，电力、燃气和水供应业在碳交换中的控制有 32%分配给了碳排放，远高于存量变化。然而，在圣保罗，由于存量在碳流网络中占主导地位，经济部门 70%以上的控制被分配给存量变化。各经济部门也在一定程度上控制了居民消费活动，而在大多数城市，居民消费对碳排放和存量变化有显著的控制力，但对制造业和服务业没有反馈控制。例如，维也纳的居民消费对碳排放和存量变化的控制分别为 35%和 51%，而在悉尼，这一比例分别为 26%和 45%。

　　依赖分配这一指标从接收者的角度解析碳流网络中各组分间的控制关系。制造业、服务业和居民消费依赖于城市经济中的许多其他组成部分来获得物质碳。例如，圣保罗的制造业对建筑业、采矿业和服务业的依赖程度分别为 65%、6%和 5%。服务业对电力、燃气和水供应业与建筑业的依赖程度较大，总的依赖程度在81%~91%。在伦敦，居民消费对电力、燃气和水供应业，建筑业，交通运输业和服务业的依赖程度分别为 13%、20%、11%和 44%。然而，香港的居民消费对这些组分的依赖程度分别为 6%、35%、12%和 31%。在伦敦，由于商业活动在城市经济中的主导作用，居民消费对服务业的依赖程度高达 44%。可以看出，最终的碳排放量取决于一系列的城市经济部门，即电力、燃气和水供应业，建筑业，制造业，交通运输业与服务业。在城市样本中，这些经济部门对气态碳排放的控制分别为 16%~22%、7%~12%、9%~16%、8%~15% 和 6%~18%。此外，居民消费对碳排放也有相当大的影响，在各城市中的依赖程度为 6%~10%。研究还发现，存量变化非常依赖于建筑业、服务业和居民消费，因为这三个组分是城市经济中碳储存的主要来源。摸清直接和间接效应下的完整碳流动链以及气态碳排放通路十分重要（Chen S Q and Chen B，2012，2016b）。通过追踪成对的网络关系以及它们如何在城市网络中产生影响，可为城市经济部门碳排放控制提供一个系统的视角。

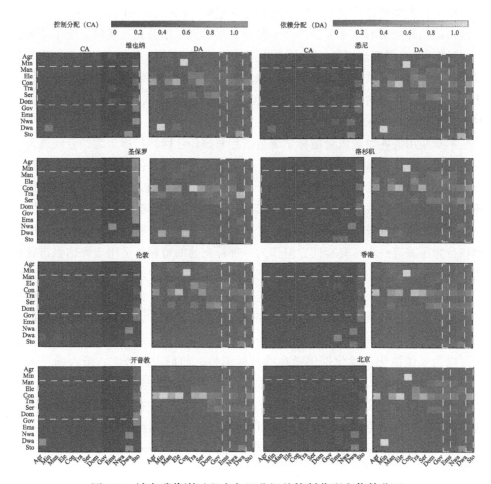

图 4-7　城市碳代谢过程中各组分间的控制分配和依赖分配

控制分配需从行至列观察，即行成分对列成分的控制；依赖分配也应该从行至列观察，但其含义为列成分对行成分的依赖。控制分配和依赖分配都在 0 到 1 的范围内，数字越大代表对其他组分的控制或依赖性越高。突出显示的地方代表从控制分配角度看，城市主要经济部门对其他部门的控制，或从依赖分配角度看，碳排放和碳存量对其他部门的依赖

由于其举足轻重的排放贡献，城市必须竭尽所能应对气候变化（Bai et al.，2018）。然而，目前城市碳排放/碳汇清单分析和碳代谢管理之间存在着研究鸿沟。对于城市尺度的碳排放清单，已有学者提出了许多测算的方法框架和指南（Chavez and Ramaswami，2013；ICLEI et al.，2014；Kennedy et al.，2009，2014；WRI and WBCSD，2004）。目前，关于城市脱碳的讨论主要集中在碳排放的核算，在很大程度上忽视了城市经济中正在流通交换的其他物质碳。这主要是因为没有足够和可靠的城市物质流数据来进行相关分析。另外，人们对使用基于自然的方法来减轻城市发展所引起的环境负担越来越感兴趣（Collins et al.，2000；Kabisch et al.，2016）。代谢理论正好与这一研究倡议相吻合。目前，城市代谢已被发展为研究与城市增长相关的各种能量和物质流的方法框架（Kennedy et al.，2007）。人类对城市碳循环的影响非常复杂，并与各种自然和经济组分相互关联。为了全面把握这种影响，构成碳流网络的所有进口、出口和组分间的物质交换都应得到测算，以帮助更好地理解城市碳代谢的结构和功能，并系统地揭示城市中各种经济社会活动的气候变化影响（Chen et al.，2020a；Creutzig et al.，2015；Kennedy et al.，2009；Xia et al.，2018）。

本章使用的各类碳流量指标（流量指标和解译性网络指标）为结合碳流清单分析与代谢模拟提供了其中一种接口。流量指标以物料守恒定律为基础，其结果与碳排放和碳汇等指标没有本质区别，可直接用于制定碳管理政策。相比之下，解译性网络指标的一个优点是，可用于理解网络运行的机制或各组分之间的关系，而这些无法通过流量指标来显示。虽然这些指标是否可以直接用于调节部门的活动和行为还需进一步考究验证，但作为一种补充性的指标，适用于评估城市碳代谢的系统表现。其中，网络控制分析充分体现了这一优势。学者可以用物质流分析来核算所有经济部门和家庭的直接碳排放，并用投入产出分析来核算间接碳排放，但一个部门的碳排放如何被其他部门的活动所控制，以及这些活动又如何被其他环节所影响，只能通过网络控制分析才能充分解决。另一个优点是，这些指标可以为系统演化和优化提供潜在的目标函数，如最大优势度、最大循环率等（Fath et al.，2001）。其中一些目标函数在社会经济系统中也显示出了应用潜力，如基于网络信息论的碳代谢模型（Fang and Chen，2019）。在城市代谢的框架内，这两类指标可以结合起来，以量化城市化和经济转型对碳流网络连通性与多样性的影响，并促进以系统为导向的城市碳减排策略（Fang and Chen，2019；Fath，2015）。

在全球范围内进行城市间的比较研究，可以揭开各项经济社会活动的相互作用，并寻求减缓气候变化的最佳路线图（Bai，2016；Xia et al.，2018）。对案例城市的分析表明，城市层面的碳平衡存在很大差异，但在组分间关系和系统代谢特征方面存在一定的共性。通过整合流量指标、解译性网络指标和其他社会经济模型，研究者可以提出有效策略，根据城市经济和人口变化进行更为科学的碳流量管理。随着城市层面的能量和物质代谢数据可获取性增强，未来还应采用更大样本来进行全球城市碳代谢的模式分析，对城市碳代谢的普遍特征进行更为充分的验证。

4.5　本 章 小 结

本章重点介绍了城市碳代谢网络的模拟方法和评估指标，并以全球 8 个城市为研究案例，利用城市层面的能源流和物质流数据核算了城市经济部门与自然组分间的碳流量。在核算的基础上，构建了城市碳流网络模型，通过基于流量的指标和解译性网络指标比较了城市碳代谢的规模、结构和模式，分析了其与城市社会经济属性的关系。主要结论包括：①尽管城市层面的碳平衡和流动模式有差异，但各组分间的关系与代谢特性有相似之处，通过碳流清单分析可以获取较为完整的城市碳代谢规模和结构，为进一步系统建模提供数据基础。②人口密度高但人均碳排放量较低的城市往往有更健康的代谢系统，各行业间的资源配置合作也更密切，这表明城市经济脱碳和资源系统优化间存在协同增效的可能性。③城市碳流网络中各组分之间的控制和依赖关系揭示了碳代谢管理的潜在机制，经济社会部门在城市代谢中产生的交互影响为控制碳排放提供了一个系统的视角。本章中提出的两类指标为连接碳流清单分析与系统模拟提供了可行方案，可协助解决如何根据城市的经济和人口结构变化调整优化城市的资源管理的问题。决策者可以基于此所在城市系统评估城市碳账户，从而制定适用于自身的碳减排战略和对策。

第 5 章

本章科学问题: 城市能源–水资源直接和间接耦合关系是什么? 如何实现不同类资源的耦合代谢模拟与分析?

城市资源耦合代谢网络模拟与管理

城市作为极为重要的人类活动单元,除了存在单一要素的代谢活动,还交织着能源和资源的耦合交互过程。除本书第 3 章、第 4 章分析的碳代谢以外,能源和水资源的获取与消费也是城市代谢系统的重要组分。水资源使用和能源消费在城市经济活动网络中高度交织在一起,这不仅是因为我们常常需要其一来获得其二,还因为在生产活动中,这两者是相互依存的,在资源可持续利用中还存在潜在的协同或冲突。本章基于"耦合"的概念,将能源流模拟和水资源流模拟有机结合起来,构建城市能–水耦合代谢模型与评估方法。本章以北京市为案例,基于该城市直接能源消耗、用水量及其相互影响的量化,分析水资源系统的能源消费和能源供给系统的水资源消耗,并应用生态网络分析方法识别资源耦合代谢的系统属性和部门间关系。本章试图通过对能源–水资源耦合关系的评估,提升对城市多类资源利用联合分析和协同优化策略的认知。

5.1 城市能–水耦合管理

在人口增长和土地城镇化的进程中,城市通过不断提高自然资源的开发利用程度来满足自身代谢规模上升的需求。全球超 65%以上的能源被城市区域各类活动所消费,同时也有大量水资源被用以支持城市的能源供应(如煤矿开采用水、火力发电冷却用水等)(IEA,2008)。由于全球范围内的城市化,预计未来几十年内,能源需求量仍将持续增长(Madlener and Sunak,2011;Grimm et al.,2008)。水资源是制约城市发展的主要因素之一,城市供水系统各环节(抽水、提纯和运输等)及配套的城市基础水利设施建设均需要消耗大量能源(Lundin and Morrison,2002;Stokes and Horvath,2009)。到 2050 年,全球 75%的人口将可能面临淡水资源匮乏问题，加强水资源保护迫在眉睫（Hightower and Pierce，2008）。

能源供应和水资源保护存在一定的相互依存和竞争关系，"牵一发而动全身"，处理好两者的关系对于制定合理的资源管理决策尤为重要。能–水耦合分析主要被用来解决城市区域技术（Elías-Maxil et al.，2014；Tarroja et al.，2014；Mo et al.，2014；Lubega and Farid，2014）和政策（Scott et al.，2011；Rio et al.，2009；DeNooyer et al.，2016）层面上的实际问题。在更复杂的情境下，考虑三种或更多要素的耦合有助于提出资源利用问题的科学方案，如能源–水–碳耦合（Venkatesh et al.，2014）、能源–水–食物耦合（Walker et al.，2014）与能源–水–气候耦合（Conway et al.，2015）等。

现有的城市代谢方法框架在单一元素的流动分析中的应用已经十分成熟，如能源（Zhang et al.，2011）、水资源（Madrid-López and Giampietro，2015）、碳（Chen S Q and Chen B，2012）的代谢过程中。从生产和消费的角度追踪城市系统中的能源和物质流动，通常需要使用物质流分析（Niza et al.，2009；Kennedy et al.，2011）和投入产出分析（Chen S Q and Chen B，2015）。这些方法有望解决能源、水等多种代谢要素间耦合效应量化与同步模拟的重要问题（Chen B and Chen S Q，2015；Chen and Lu，2015）。一些学者采用水足迹（Shao and Chen，2013a，2016）或能源足迹（Shao et al.，2013b；Shao and Chen，2015）的概念，从消费的角度来刻画城市的代谢规模和经济活动。能源相关的用水（"能用水"）（Zhang and Anadon，2013）和供水相关的耗能（"水用能"）（Plappally and Lienhard，2012）的相关评估具有一定共通性，最显著的是它们都反映了人类对自然资源的复合型需求与影响。生态网络分析作为一种系统导向的方法，已被应用于研究城市代谢结构和功能以及人工与自然成分的相互作用。与传统的耦合模拟技术相比，生态网络分析的优势在于能统一追踪模拟多种代谢流，适用于研究城市中不同元素之间的共存、竞争和协同（Yang and Chen，2016；Walker et al.，2014）。结合物质流和投入产出数据，生态网络分析可以模拟城市代谢网络中的直接与间接耦合资源流。

5.2　城市耦合代谢模型框架与数据

5.2.1　耦合模型框架

图 5-1 展示了城市能–水耦合代谢模拟的技术框架。首先，通过案例调查和数据收集，本章编制了城市各部门的能源和水资源的直接消耗量数据清单。其次，根据城市的水利基础设施和能耗技术水平，测算"水用能"，根据城市使用的各种能源和发电方式的用水强度，计算"能用水"。最后，通过投入产出模型，量化由城市居民消费、政府消费与固定资本形成引起的隐含能源消耗和隐含水用能。类

似的方法也适用于从消费角度计算城市居民消费引起的隐含水资源消耗和隐含能用水。能源和水用能的总和（即混合能源）以及水资源和能用水的总和（即混合水资源）分别被用于表示受耦合影响的能源代谢和水资源代谢。各行业的能源（或混合能源）和水资源（或混合水资源）消耗被转化为城市耦合网络（urban nexus network，UNN）中的对应单位流入，其中包含各行业合并而成的八个经济部门：农业（Ag）、采矿业（Mi）、制造业（Ma）、电力和燃气生产供应业（El）、水生产供应业（Wa）、建筑业（Co）、交通业（Tr）、服务业（Se）。在城市耦合代谢系统中，能源和水资源可以通过相关部门的"耦合点"相互联系，并分析它们的依存关系。例如，该框架可以解析制造业的能源和水资源流如何通过各种途径直接或间接地影响电力和燃气生产供应业。在核算与模拟的基础上，生态网络分析方法还可以通过一系列的特有指标来识别耦合代谢网络的结构与特性。

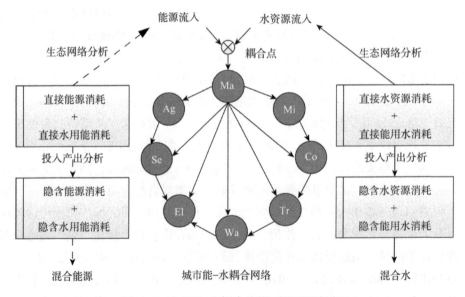

图 5-1　城市能–水耦合代谢网络模型框架

5.2.2　研究案例与数据

本章以北京市为案例，分析城市能–水耦合代谢模拟与管理。北京市在 2021年的地区生产总值超过 4 万亿元，人均地区生产总值继续居各省区市首位，也是中国常住人口最多的特大城市之一。城市化和人口增长给该市的能源可持续供应带来了巨大挑战。在研究年份，北京市 60%以上的能源来自电力供应，主要由火力发电厂供应。为便于计算和分析，本章只考虑了电力生产供应过程中的水资源消耗。另外，北京市面临严重的水资源短缺问题，人均可再生水资源仅为 150 立方米，远低于世界极度缺水标准（人均 500 立方米）。该市的用水主要来自地下水、地表水和再生水，分别占总取水量的 72%、16%和 12%。超负荷取水不仅消耗大量能源，还会对生态系统造成严重破坏，因此迫切需要协同优化城市的能源管理和水资源配置。

北京市各经济部门的用电数据来自《北京统计年鉴》中的能源平衡表（北京市统计局，2009）；用水数据来自《中国环境统计年鉴（2008）》的区域消费表（国家统计局和环境保护部，2008）。此外，火力发电的耗水量数据基于相关文献调研得出（Kahrl and Roland-Holst，2008；左建兵等，2008）。不同水源（地下水、地表水和再生水）产水和供应单位体积水资源的能源强度数据来自其他相关文献（Mo et al.，2014；Cooper and Sehlke，2012；Stokes and Horvath，2009）。为便于结果解析，本章在使用投入产出模型进行分析之后，将其中 42 个经济部门合并为八大经济部门来分析，见表 5-1。

表 5-1　城市经济部门汇总

合并部门	原始部门	原始部门编号
农业（Ag）	农、林、牧、渔业	1
采矿业（Mi）	煤矿采选	2
	石油和天然气开采	3
	金属矿开采	4
	非金属矿开采	5
制造业（Ma）	食品与烟草	6
	纺织品	7
	纺织服装鞋帽皮革羽绒及其制品	8
	木材加工品与家具	9
	造纸印刷和文教体育用品	10
	石油、炼焦产品和核燃料加工品	11
	化学产品	12
	非金属矿物制品	13
	金属冶炼和压延加工品	14
	金属制品	15
	通用设备与专用设备	16
	交通运输设备	17
	电气机械和器材	18
	通信设备、计算机和其他电子设备	19
	仪器仪表	20
	工艺品与其他制造业	21
	废物处理	22

合并部门	原始部门	原始部门编号
电力和燃气生产供应业（E1）	电力、热力生产与供应业	23
	燃气生产供应业	24
水生产供应业（Wa）	水的生产供应业	25
建筑业（Co）	建筑业	26
交通业（Tr）	交通运输、仓储	27
服务业（Se）	邮政业	28
	信息传输、软件和信息技术服务	29
	批发和零售业	30
	住宿和餐饮业	31
	金融与保险业	32
	房地产业	33
	租赁和商务服务	34
	研究和试验发展	35
	综合技术服务	36
	水利、环境和公共设施管理	37
	居民服务和其他服务	38
	教育	39
	卫生和社会工作	40
	文化、体育和娱乐	41
	公共管理、社会保障和社会组织	42

5.3　城市水用能和能用水核算

5.3.1　城市能–水耦合流动核算方法

计算一个城市的能源消耗和用水量是实现能–水耦合分析的基础。本章对相关经济部门的直接能源和水资源消耗进行了核算。部门 i 的直接能源消耗（v_i^{ene}）是所有类型（煤炭、汽油、柴油、天然气、电力等）用能（e_i^m）的总和，而水资源消费（v_i^{wat}）是所有类型水资源（地表水、地下水、淡化水、水回用等）利用量（w_i^m）的总和，见式（5-1）和式（5-2）：

$$v_i^{ene} = \sum_{m=1} e_i^m \tag{5-1}$$

$$v_i^{wat} = \sum_{m=1} w_i^m \tag{5-2}$$

同时，本章核算了北京市所有经济部门的水用能和能用水。部门 i 的水用能（v_i^{w-ene}）是根据其 m 类型水资源的直接用水量和相应的能源强度（每单位 m 类型水资源消耗所需的能源）[式（5-3）]计算所得。类似地，部门 i 的能用水（v_i^{e-wat}）

是根据 m 类型的直接能耗和对应的用水强度（每单位 m 类型能源供应所需的水量）[式（5-4）]计算所得。

$$v_i^{w\text{-ene}} = \sum_{m=1} w_i^m \times \bar{e}^m \qquad (5\text{-}3)$$

$$v_i^{e\text{-wat}} = \sum_{m=1} e_i^m \times \bar{w}^m \qquad (5\text{-}4)$$

在直接用水、用能、水用能和能用水的核算基础上，可对能–水耦合进行综合评估。本章提出了"混合能耗"的概念[$v_i^{h\text{-ene}}$；由式（5-5）计算]，用于表示水资源利用和其他经济社会部门的能源消耗总和；类似地，提出"混合水耗"[$v_i^{h\text{-wat}}$；由式（5-6）计算]用于能源供应和其他经济社会部门的水资源消耗的总和：

$$v_i^{h\text{-ene}} = v_i^{\text{ene}} + v_i^{w\text{-ene}} \qquad (5\text{-}5)$$

$$v_i^{h\text{-wat}} = v_i^{\text{wat}} + v_i^{e\text{-wat}} \qquad (5\text{-}6)$$

各行业各部门之间的经济贸易关系直接和间接地交织在一起，刻画了城市能–水耦合的过程。隐含能源和水资源的流动分析考虑了经济部门的所有关系，从全产业链的角度量化能源消费和水资源利用对生态系统的影响。城市最终需求所驱动的能源和水资源消耗量由式（5-7）~式（5-10）计算得到（Miller and Blair，1985；Lenzen，1998；Feng et al.，2014a；Liang et al.，2010）。

$$\theta_i = \frac{v_i}{x_i} \qquad (5\text{-}7)$$

$$P_{1 \times n}^{\text{hh}} = \theta_{n \times n}^{\text{diag}} (I - A)^{-1} F_{1 \times n}^{\text{hh}} \qquad (5\text{-}8)$$

$$P_{1 \times n}^{\text{cc}} = \theta_{n \times n}^{\text{diag}} (I - A)^{-1} F_{1 \times n}^{\text{cc}} \qquad (5\text{-}9)$$

$$P_{1 \times n}^{\text{ex}} = \theta_{n \times n}^{\text{diag}} (I - A)^{-1} F_{1 \times n}^{\text{ex}} \qquad (5\text{-}10)$$

式中，θ_i 为 i 部门的能源消费强度或水资源消耗强度（ X_i ）；$\theta_{n \times n}^{\text{diag}}$ 为由 θ 转换成的对角矩阵；v_i 为 i 部门的直接（混合）能耗量，或直接（混合）用水量；I 为一个 $n \times n$ 的单位矩阵；A 为城市的直接需求矩阵（各部门之间的货币流量除以各部门的经济产出）；$P_{1 \times n}^{\text{hh}}$ 为最终消费引发的部门能耗或用水量向量；$F_{1 \times n}^{\text{hh}}$ 为最终消费向量；$P_{1 \times n}^{\text{cc}}$ 为资产形成和存量变化引发的能耗或用水量向量；$F_{1 \times n}^{\text{cc}}$ 为资产形成和存量变化的向量；$P_{1 \times n}^{\text{ex}}$ 为出口引发的部门能耗或用水量向量；$F_{1 \times n}^{\text{ex}}$ 为出口的向量；n 为城市经济部门的数量。

5.3.2　直接与隐含的能耗和能用水

图 5-2 展示了北京市生产端和消费端的能耗和能用水核算结果（以电力消费计算）。2013 年，北京市直接电力消费量为 7.48×10^{10} 千瓦时。从生产端来看，服务业消耗电力占比最大，达到总用电量的 45%（即 3.39×10^{10} 千瓦时）。这包括建

筑物和各种商业活动（如批发和零售业、房地产业、租赁和商务服务、教育、研究和试验发展等）所消耗的电力。制造业是第二大能源密集型行业，占总用电量的 23%，尤其是食品与烟草、通用设备和专用设备、交通运输设备、电气机械和器材等行业。交通业消耗了 9% 的城市电力，而农业、采矿业、建筑业和水生产供应业也共同消耗了 9% 的电力。电力和燃气的生产与供应过程本身也是耗能活动，达到 9.20×10^9 千瓦时。就能用水而言，城市能源生产和供应的直接用水总量为 236 兆吨。耗水量排名前三的部门依次是服务业、制造业、电力和燃气生产供应业（107 兆吨、55 兆吨和 29 兆吨），占整个城市直接能用水的 81%。此外，农业、采矿业、水生产供应业、建筑业和交通业五个行业合起来占直接能用水总量的 19%。

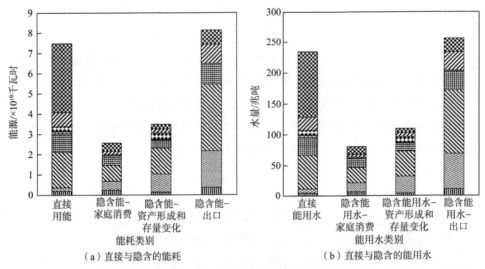

（a）直接与隐含的能耗　　　　　　（b）直接与隐含的能用水

▤ 农业　▧ 采矿业　▨ 制造业　▦ 电力和燃气生产供应业　▧ 水生产供应业　▨ 建筑业　▨ 交通业　▨ 服务业

图 5-2　北京市直接与隐含的能耗和能用水

由最终需求引起的总隐含电力消耗为 1.42×10^{11} 千瓦时，其中家庭消费、资产形成和存量变化和出口分别占比 18%、25% 和 57%。与直接能耗相比，各部门的隐含能耗呈现不同的分布特征。从消费端来看，制造业在家庭消费引发的电力消耗中占比最大（31%），而不是服务业（15%）。采矿业与电力和燃气生产供应业对隐含电力的消耗也越来越突出（各占 18%）。在资产形成和存量变化、出口方面，制造业占主导地位（分别为 37% 和 40%），而服务业在这两种最终需求类别中消耗隐含电力较少（分别为 6% 和 9%）。农业由三类最终需求驱动的隐含电力消耗（7.5×10^9 千瓦时）显著高于该部门的直接电力消耗（1.8×10^9 千瓦时）。直接和隐含的能用水在部门间的分布存在较大差异。隐含能用水（449 兆吨）是城市直接能用水的近 2 倍。制造业与电力和燃气生产供应业在城市隐含能用水中扮演着重要角色，占城市隐含能用水总量的一半（229 兆吨）。相比之下，服务业只占隐含能用水的 10%，其中家庭消费、资产形成和存量变化、出口分别消耗 12 兆吨、7 兆吨和 22 兆吨的水。约 57%的水以隐含在商品和服务中的形式出口到其他地区（258 兆吨）。

5.3.3　直接与隐含的水耗和水用能

图 5-3 展示了生产端和消费端的用水量和相应的水用能（以电力消费计算）。城市直接用水量为 3130 兆吨，是能用水的 13 倍。由于农田和绿地灌溉需求量大，农业部门直接用水量约为 1173 兆吨，占总直接用水量的 37%。相比之下，服务业（930 兆吨）和制造业（640 兆吨）分别占总用水量的 30%和 20%。从生产端看，水用能排名前三的部门依次是农业、服务业和制造业，共占总体水用能的 90%（占这些部门总能耗的 8%）。其他五个部门（采矿业、交通业、建筑业、电力和燃气生产供应业、水生产供应业）的水用能比农业、服务业和制造业小得多，总共仅占总水用能的 7%。

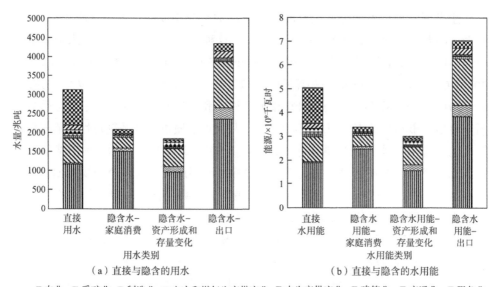

图 5-3　北京市直接与隐含的水耗和水用能

由最终需求引起的总隐含用水量是城市直接用水量的 2.7 倍。在家庭用水方面，农业贡献最大（1521 兆吨），占总家庭用水量的 73%。在资产形成和存量变化与出口方面,农业也扮演了重要角色,占对应类别总隐含用水量的 52%和 54%。由资产形成和存量变化、出口驱动的制造业隐含用水分别占比 25%和 28%，高于家庭消费。最终需求驱动的水用能消耗总量是 1.34×10^{10} 千瓦时，是直接水用能的 2.6 倍。由家庭消费、资产形成和存量变化、出口驱动的水用能分别占总隐含水用能的 25%、22% 和 52%。农业和制造业贡献了约 82% 的隐含水用能（合计 1.0988×10^{10} 千瓦时），而其他部门的水用能合计只有 2.38×10^{9} 千瓦时。

基于直接消耗和隐含消耗，本章进一步考虑了能-水耦合，计算了能源和水资源的混合流。2013 年，北京市共消耗直接混合能 7.99×10^{10} 千瓦时，仅约占隐含混合能（1.56×10^{11} 千瓦时）的一半。相比之下，同年北京市消耗的直接混合水为 3366 兆吨，仅约为城市隐含混合水（8746 兆吨）的三分之一。这些结果表明，大量的能源和水资源以直接或者产品隐含的方式从城市边界以外获取，然后被城市居民活动所消耗。这不仅包括单一的能源或水资源，还包括城市耦合代谢过程中的水用能和能用水。

5.4　城市能-水耦合系统模拟及部门分析

5.4.1　能-水耦合网络模拟方法

生态网络分析将生态系统看作相互联结的组分构成的自组织网络（Patten，1978；Fath and Patten，1999；Finn，1976）。这种方法已经成功应用于人类系统的研究，用于揭示自然-社会复合系统（如城市系统）的代谢过程与模式（Zhang et al.，2011；Chen et al.，2015）。一些辅助性模拟工具，如 R 网络分析工具包（Borrett et al.，2014），可以提高生态网络分析模型的构建和分析效率。本章运用生态网络分析来评估城市不同经济部门间能-水流动，从而揭示城市耦合系统特性（循环率和弹性）。以能源、水资源为要素进行城市耦合网络循环分析，揭示当前网络配置下能源和水资源的循环情况，是提高水资源和能源利用效率的一个重要方面。Finn 循环指数（Finn，1976）是测算系统循环速率的重要指标，可以由循环流网络相对于直接流网络中对角线元素的增量计算得到。

本章使用系统稳健性作为另一项基于系统的指标，以平衡代谢流动效率和冗余度，并分析城市耦合网络的可持续性。该方法已被应用于评估经济系统的可持续性（Kharrazi et al.，2013）。系统稳健性的详细方法描述可参考相关文献（Ulanowicz and Norden，1990；Fath，2015）。通过计算城市耦合网络的容量和优势度得到系统的稳健性结果。需要注意的是，总系统吞吐量（total system throughput，TSTp）指的是部门输入和输出的总和，与总系统通量不同，后者仅仅是系统输入的总和（Fath et al.，2013）。

除分析系统属性外，本章还研究了能-水耦合效应对城市各部门间的资源代谢关系的动态影响。为了分析城市部门间关系的微观动态，常用网络控制分析/依赖分析方法（Fath，2004b；Schramski et al.，2006）。由城市部分直接和间接关系推导出面向输出的耦合代谢流累积矩阵 N'，结合两个累积矩阵 N 和 N'，应用控制分配和依赖分配来量化部门之间的控制和依赖关系。控制分配和依赖分配是一对无量纲变量，与文献中定义的"控制差异"（Schramski et al.，2006）有所不同。

Finn 循环指数、系统稳健性、控制分配和依赖分配的计算公式在第 4 章已有介绍，在此不做赘述。

5.4.2 能–水耦合代谢系统的网络特性

图 5-4 展示了北京市的水资源耦合代谢网络和能源耦合代谢网络。结果表明，在水资源耦合代谢网络中，农业和服务业是主要部门，但服务业和制造业的混合水流最大，这是因为农业和服务业活动过程对大量的水资源输入有高度的依赖性。同时，无论是在投入方面，还是在产出方面，服务业和制造业都是能源消费最密集的部门。在水资源耦合代谢网络和能源耦合代谢网络中，混合水流和混合能流呈现不同的系统结构特征，本章采用生态网络分析指标（如 Finn 循环指数和系统稳健性）来表征耦合资源代谢网络的系统特性。

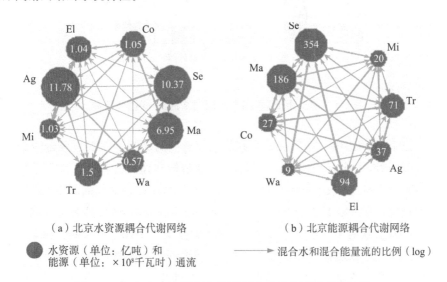

（a）北京水资源耦合代谢网络　　　　　（b）北京能源耦合代谢网络

● 水资源（单位：亿吨）和
能源（单位：×10⁸千瓦时）通流　　　——→ 混合水和混合能量流的比例（log）

图 5-4　北京市水资源耦合代谢网络和能源耦合代谢网络

图 5-5 展示了北京市水资源和能源耦合代谢网络的循环率。针对两个单要素网络——水资源代谢网络和能源代谢网络，以及两个城市耦合网络，即混合水资源网络（水资源+能用水）和混合能源网络（能源+水用能），模拟了城市各部门之间的循环率。结果表明，在水资源代谢网络中，循环回流到城市部门的流量占总水资源流通量（即流入或流出部门的所有水的总和）的 22%，而混合水资源网络中循环回流的比例略高（23%）。这种差异可以部分解释为能–水耦合对系统的影

响。通过部门层面的 Finn 循环指数得知，北京市不同经济部门活动的 Finn 循环指数存在较大差异。从隐含用水量来看，农业和制造业是北京市消耗隐含水资源最大的两个部门（分别是服务业的 13 倍和 5 倍），但他们只占通流的 6%，低于耗水量较少的服务业（8%）。服务业通过商品和服务将各部门的活动联系起来，使得隐含于经济活动中的水资源循环通路更多。由于农业和制造业的用水量巨大，它们对整个耦合体系产生的影响巨大，仍然存在提高再生水利用率的潜力。其他行业的循环率相对较小，如电力和燃气生产供应业与交通业的 Finn 循环指数仅为 2% 和 1%。

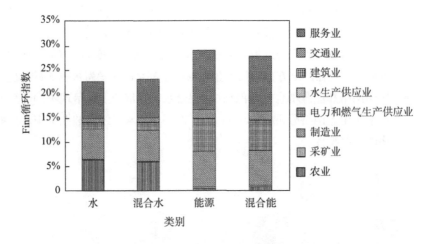

图 5-5 北京市能–水耦合代谢网络的 Finn 循环指数

在能源代谢网络中，循环流量在系统总通量中的比例为 29%，混合能源网络的 Finn 循环指数占比与其相近，为 28%。与水资源代谢网络和混合水资源网络相比，部门间商品和服务交换的能源循环率明显更高。另外，能源代谢网络中的部门特征也与水资源代谢网络不同。在能源代谢网络和混合能源网络中，服务业和制造业对 Finn 循环指数贡献最大 [分别为 12% 和 11%（服务业）、7% 和 7%（制造业）]。电力和燃气生产供应业也是提升系统能源循环率的重要部门（7% 和 6%）。由于电力和燃气生产供应业和服务业高度相关，这两个部门间的耦合关系在水资源耦合代谢网络和能源耦合代谢网络中占据重要地位。

Finn 循环指数通过经济部门间的能源/水资源流动的直接和间接影响来确定资源在代谢网络中的循环效率。因此，Finn 循环指数与传统的资源回收率不同，不能简单地与水循环系统或能源供应系统相比较。但城市生态系统在许多方面和自然生态系统仍存在一定相似性。湖泊生态系统的碳或磷代谢系统网络的 Finn 循环指数可高达 36%~40%（Borrett and Osidele，2007；Richey et al.，1978；Salas and Borrett，2011），而河口或河流等生态系统的 Finn 循环指数较低，为 14%~24%

（Ulanowicz，1986）。相比之下，城市生态系统的 Finn 循环指数比某些自然生态系统低很多。

图 5-6 显示了北京市能–水耦合代谢网络的系统稳健性，描述了这些系统在流动效率和弹性之间的平衡情况。与人工系统或人类生态系统相比（稳健性曲线的左侧），大多数自然生态系统能够更好地维持效率和弹性之间的平衡（在稳健性的顶峰曲线，平均系统稳健性为 0.36）（Ulanowicz，1990；Salas and Borrett，2011）。北京市水资源代谢系统和能源代谢系统的平均系统稳健性是 0.29，略高于全球商品贸易网络，接近于石油贸易网络和钢铁贸易网络的系统稳健性值（Kharrazi et al.，2013；Hanasaki et al.，2010；Lu et al.，2014）。由于城市经济系统中各部门间的流动更复杂和密集，其系统调节往往没有自然系统（如食物网等）有效。该城市网络的冗余是由于经济部门之间密集的能源和水资源交换，使其偏离"活力之窗"（window of vitality，即自然生态系统在效率和冗余之间所取得的理想平衡区间）（Ulanowicz，1990；Fath，2015）。

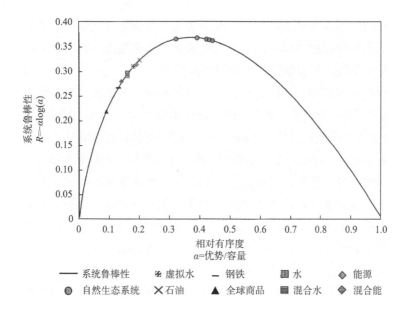

图 5-6　城市能–水耦合代谢系统与其他生态或经济系统的稳健性比较

在本章研究中，水资源代谢网络（0.30）和混合水资源网络（0.29）的系统稳健性差异并不显著，但是城市耦合对能源系统的影响是显而易见的，混合能源网络的系统稳健性（0.28）低于能源代谢网络（0.31）。这主要是因为能–水耦合作用的存在导致更多资源代谢流的路径交叠。系统稳健性考虑了直接效应和间接效应下的代谢系统表现，在一定程度上反映了城市耦合代谢系统经济和环境可持续性的提升潜力。

5.4.3　能–水耦合代谢系统的部门关系

下面分析在考虑和不考虑城市能–水耦合代谢影响的情况下，各部门之间的水资源/能源控制和依赖关系的差异。对于单一的能源/水资源代谢网络和混合能源/水资源网络，控制和依赖机制存在显著差异。考虑耦合效应后，一些部门之间的控制/依赖关系增强，而另一些部门之间的关系减弱。

与能源代谢网络相比，在混合能源网络中，制造业和采矿业对农业的控制程度增强。这意味着制造业和采矿业对农业的能源使用与水资源需求具有更大的影响力。制造业对农业的控制强度提高了100%，农业对建筑业的控制也发生了类似的变化。相比之下，由于耦合作用的存在，农业对制造业、水生产供应业和交通业的控制几乎消失。

混合能源网络中的部门依赖关系也发生了重大变化。例如，在混合能源网络中，建筑业对服务业的依赖程度提高，成为能源代谢网络的两倍。这意味着建筑业对服务业的能源供应和水资源需求更为依赖。混合能源网络中交通业对服务业和建筑业的依赖程度相较单一的能源代谢网络中显著提高，而农业对制造业、水生产供应业和交通业等其他部门的依赖程度降低。

在能源代谢网络中，耦合关系对农业和服务业影响显著，而在水资源代谢网络中，其对采矿业、制造业、电力和燃气生产供应业与交通业的影响显著。此外，能–水耦合对水资源代谢网络的影响较小，约为±30%，而对能源代谢网络的影响较大，约为±200%。这表明能–水耦合对城市能源代谢的影响更为显著。

部门间的控制分析结果表明，电力和燃气生产供应业与制造业对交通业的控制分别增加了40%和25%，而交通业和水生产供应业之间的控制关系减弱。部门间的依赖分析结果显示，除对交通业依赖程度降低之外，水生产供应业对采矿业、制造业和服务业等部门的依赖程度加强。由于能–水耦合，城市的大部分部门更加依赖制造业。

控制分析和依赖分析表明，能–水耦合对能源和水资源代谢网络中各部门的控制和依赖关系产生了显著的影响。因此，除了系统属性（如 Finn 循环指数和系统稳健性）之外，还需要关注部门间关系的变化。为了更好地促进能源和水资源可持续利用，我们需要深入理解部门层面的耦合联动效应。

5.5　本 章 小 结

本章提出了一套用于系统评估城市能–水耦合代谢的方法框架。该框架先测算了城市能源与水资源的直接消耗量、能用水和水用能；再应用投入产出分析核算城市居民与城市产业供应链相关的隐含能耗、隐含水耗、隐含能用水和隐含水用能，并基于生态网络分析识别城市资源间的耦合关系，评估耦合资源代谢的系统属性和部门动态。主要结论包括：①在城市经济部门层面，各部门消耗的直接和隐含能源（水资源）的比重不同。服务业和制造业主导直接能源消耗，而制造业、采矿业与电力和燃气生产供应业在隐含能耗中占主导地位。直接和隐含的能用水（水用能）消耗的部门结构受直接和隐含能源（水资源）消耗的影响较大。②混合直接能源（能源和水用能）是混合隐含能源数量的一半，而混合直接用水（水和能用水）约占城市混合隐含用水的三分之一。③水资源网络的循环率略低于能源代谢网络，而混合水资源网络的循环率总是略高于单一的水资源代谢网络。④由于耦合效应的存在，部分部门之间的控制/依赖关系变得更强或更弱，在能源代谢网络中这一影响尤为显著。本章所提出的城市耦合代谢网络模型不局限于能–水耦合，可以兼容多资源同步模拟。该模型有较大的拓展潜力和适应能力，为决策者在协同优化城市各类资源利用上提供一种系统的模拟思维和解决思路。

第 ⟨6⟩ 章

　　本章科学问题：城市群尺度的能-水-碳耦合代谢有什么特点？跨区域能-水-碳的耦合如何影响城市群的低碳可持续管理？

跨区域资源耦合代谢模拟与管理

　　第 5 章所构建的资源耦合模型框架的重点在于量化城市尺度的能-水耦合强度并分析其代谢网络结构与特征。然而，针对跨区域的产品和服务贸易如何影响一个地区的耦合足迹以及城市之间的耦合足迹转移关系仍有待进一步探究。为此，本章建立了一个通用框架，用于追踪区域间直接和隐含的能-水-碳耦合流动。该框架不仅可以容纳能源、水资源、碳足迹分析，还可以兼容与能源相关的水资源利用（能用水）、与水资源相关的用能（水用能）和与水资源相关的碳排放（水排碳）三种耦合足迹流动分析。这一分析框架能够追踪不同地区和经济部门之间通过产品和服务贸易建立的资源依存关系与低碳管理路径。本章选取了广东和香港为研究案例，构建了区域间投入产出模型，对其区域内的直接流动和跨区域的隐含流动进行量化与评估。所提出的理论框架与方法可以推广到其他地区的多资源耦合分析，为区域一体化的资源低碳可持续管理提供政策建议。

6.1　跨区域多资源耦合代谢

　　能源消费、水资源利用和碳排放是人类活动产生环境影响的几个重要环节。据报道，即便在乐观的情况下，到 2040 年全球的能源需求仍然会比现在扩大40%，相当于增加一个中国和印度的能源消费量（IEA，2017）。作为维持生命所必需的重要资源，水资源几乎贯穿经济社会的整个代谢过程。到 2050 年，大约有 75% 的人口将面临水资源短缺问题（Hightower et al.，2008）。此外，在提供安全能源和清洁用水的过程中，化石燃料燃烧相关的碳排放也在不断增长，这将加速全球气候变化并带来严重的生存危机（Seto et al.，2014；UNFCC，2015）。

更具挑战的是，在这个复杂的经济系统网络中，能源、水资源与碳流动高度地交织在一起（Hussey and Pittock，2012；Webster et al.，2013；Zhang et al.，2018）。目前，已有一些方法被应用于解决经济社会中的多资源耦合问题，如生命周期分析法（Meldrum et al.，2013；Feng et al.，2014b）、系统动力学分析法（Chhipi-Shrestha et al.，2017）和投入产出分析法（Chen S Q and Chen B，2016b）。其中，利用投入产出分析模型来分析能-水-碳三者间耦合关系的研究日益增多。例如，Zhang 和 Anadon（2013）建立混合单元的投入产出模型，量化中国各省区市的全生命周期用水和能源生产及其对应的环境影响，并从部门与区域间贸易的角度评估能源行业的能-水耦合。Yang 等（2018）基于环境拓展的投入产出模型评估了上海和北京的能源消耗、水资源利用与碳排放之间的权衡，并确定了对于能-水-碳影响最显著的经济部门。White 等（2018）通过追踪全球价值链并利用区域间投入产出模型模拟了中国、日本和韩国之间的能源、水资源和温室气体的跨区域隐含流动。"耦合"不仅意味着在开采、生产和供应一种资源的过程中需要其他资源的支撑，也意味着在跨区域贸易中资源紧密地联系在一起，从而对区域环境足迹的削减产生影响（Chen S Q and Chen B，2016a）。对那些高度参与全球化、资源开采和碳排放外包到其他地方的城市与地区来说，追踪与跨区域贸易有关的耦合资源流动尤为重要（Feng et al.，2013；Chen S Q and Chen B，2017）。然而，当前大多数的多资源管理理论均从"权衡分析"（tradeoffs）出发，基于各类资源占用或者环境压力进行多目标评估，对要素间耦合的考量不足。

事实上，耦合足迹（如水资源利用中的能源足迹和能源消费中的水足迹）均可在一致的代谢框架中同时进行评估和优化（Chen S Q and Chen B，2016b）。区域内的流动核算和跨区域的流动追踪在评估城市与区域的环境足迹方面被证明同等重要（Chavez and Ramaswami，2013；Liu et al.，2016）。Wang 和 Chen（2016）构建了一个多区域尺度下的能源用水与水资源耗能的关联模型，分析了京津冀不同区域之间的能-水直接与间接流动。Meng 等（2019）根据不同建筑类型将北京市建筑业分解为多个子行业，并指出从隐含流的角度看，建筑业是水-碳耦合的关键节点。然而，现有研究对于跨区域的产品服务贸易如何影响一个地区的耦合足迹及代谢网络结构的认知仍较为薄弱。因此，厘清与贸易相关的跨区域联系对于提高资源管理和碳减排的有效性具有重要意义。

6.2　跨区域耦合代谢模型与数据

6.2.1　跨区域耦合代谢的交互式模型框架

图 6-1 展示了跨区域能–水–碳耦合的交互式模型框架（以两个区域为例，其他类推）。为了评估区域间能–水–碳的耦合关系，本章以交互的方式追踪边界内和跨边界的耦合联系。这一理论框架不仅可以对能源、水资源和碳的直接流动与隐含流动进行定量评估，还可以对能源相关的水资源利用、水资源相关的用能和水资源相关的碳排放三种耦合要素进行定量分析。首先，利用物质流分析方法对所有经济部门的能源和水资源直接流动加以量化，并对各部门与能源使用有关的直接碳排放进行核算；然后，对开采、生产或供应等过程中直接消耗的能用水、水用能和水排碳在区域内进行识别和量化；最后，从全生命周期的视角，建立了充分体现区域间经济流动的环境扩展投入产出模型，进而量化跨区域贸易相关的资源耦合联系，并从消费的角度评估耦合足迹及其在整体能源、水与碳足迹中所扮演的角色。此外，本章还追踪了由区域最终消费驱动的部门间耦合资源流动，进而确定跨区域贸易下的耦合代谢网络的主要影响因素与驱动机制，并由此提出了协调多个区域同时减少耦合足迹的系统策略。

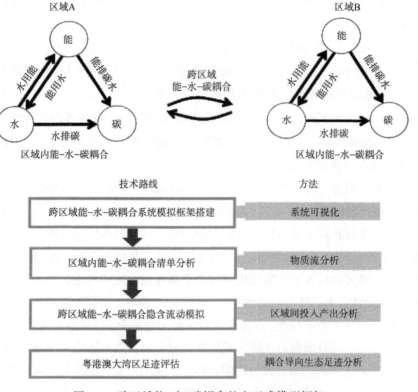

图 6-1　跨区域能–水–碳耦合的交互式模型框架

6.2.2　研究案例与数据

本章选取粤港作为研究对象来分析区域间由贸易驱动的能–水–碳耦合关系，研究区的基本信息见表 6-1。粤港澳大湾区是世界上人口最多的湾区之一，截至第七次全国人口普查，已拥有超过 8000 万人口。2017 年，国家发展和改革委员会与粤港澳三地政府共同签署《深化粤港澳合作　推进大湾区建设框架协议》，深化粤港澳合作，推进粤港澳大湾区建设。可以预见，粤港两地之间的跨区域贸易和相关的能源、水资源和碳排放转移将不断增加，也给跨区域能–水–碳协同管理带来了重大机遇（Govada and Rodgers，2019）。

表 6-1　2012 年广东和香港的区域基本信息

地区	人口/万人	地区生产总值/亿元	面积/千米²	人均地区生产总值/万元	人口密度/（人/千米²）	进口额/亿元	出口额/亿元
广东	10 590	57 102	179 700	5.39	589	25 823	36 166
香港	710	16 649	1 106.34	23.45	6 418	34 916	31 082

在数据来源方面，粤港两地的能源和水资源消耗量等数据均来自官方统计报告（广东省水利厅，2012；广东省统计局，2013a；香港水务署，2015；香港机电工程署，2013），广东省火力发电装机容量数据来源于 2013 年广东省统计局的资料（广东省统计局，2013b），广东省能用水系数则根据广东省水利厅发布的《水资源公报 2012》中直流火力发电耗水量数据计算得出，香港的能用水系数则来源于其他文献（Chen et al.，2018）。需要注意的是，香港的火力发电冷却用水主要来自海水抽取，但这一部分并不包括在能用水的耗用核算范围内，因为这些海水将立刻通过循环回归到海洋当中。各种化石燃料的碳排放因子来源于联合国政府间气候变化专门委员会（IPCC，2006）。粤港两地各行业的实际能用水系数（Feng et al.，2014b；Kahrl and Roland-Holst，2008；Cooper and Sehlke，2012；Siddiqi and Anadon，2011）和水用能系数（Stokes and Horvath，2009；Mo et al.，2014；Lee et al.，2017；Kahrl and Roland-Holst，2008；Siddiqi and Anadon，2011）则根据当地技术调研和文献研究综合得出，具体系数根据当地的技术水平和环境条件进行调整。2012 年广东省单区域投入产出表由广东省统计局提供[①]，2012 年香港单区域投入产出表则由经济合作与发展组织（Organization for Economic Co-operation and Development，OECD）提供[②]。

---

① http://stats.gd.gov.cn/trcc/index.html。

② https://data-explorer.oecd.org/。

6.3   能–水–碳的直接流分析

6.3.1   区域直接流核算方法

城市或区域行政边界内的能–水–碳流动清单编制是区域间能–水–碳耦合建模的基础。本章首先计算一个地区由能源消费引起的几种代谢流，包括能源、能用水和与能源有关的碳排放。一个地区的直接能源消费量可根据各种类型能源（柴油、汽油、天然气等）的使用量及其各自的热值来计算。在能用水方面，发电过程经常需要大量的冷却水和处理水（Zhang and Anadon，2013），而火力发电通常是水密集型的产能方式（IEA，2012）。本章主要关注的两个地区——广东和香港的冷却水，也是其能源部门消耗的主要水资源。发电用水强度（能用水系数）是区域性的，取决于当地的发电用水技术，其计算方法是将某个地区的发电厂冷却水消耗量除以总发电量得到单位发电量的耗水量。燃料燃烧产生的直接碳排放因子主要参考联合国政府间气候变化专门委员会的计算指导文件（IPCC，2006）。这些直接消耗或排放的核算方法见式（6-1）。

$$
\begin{cases}
E_i = \sum_{k=1} e_i^k h^k \\
W_i^e = p_i \alpha_i \\
C_i = \sum_{k=1} e_i^k h^k \delta^k r^k
\end{cases}
\tag{6-1}
$$

式中，E_i 为区域内部门 i 的直接能源消耗；W_i^e 为直接电力生产淡水消耗；C_i 为与能源燃烧相关的碳排放；e_i^k 为特定类型能源（k）的消耗量；h^k 为特定类型能源（k）的热值；p_i 为部门 i 的耗电量；α_i 为特定区域发电用水强度（能用水系数），代表单位发电量的耗水量。与燃料燃烧相关的直接碳排放则根据某一种燃料的消耗量（e_i^k）、对应的热值（h^k）、碳排放因子（δ^k）和氧化速率（r^k）进行计算。

式（6-2）显示了三种水相关的流动清单编制过程，包括直接耗水量、与水相关的能耗（水用能）和与水相关的碳排放（水排碳）。本章考虑了各部门所消耗的各种类型的水资源，如地表水、地下水、淡化水、再生水等。不同于总取水量，这里的水量指的是完全使用和消耗的水量。需要注意的是，发电过程中用于冷却的海水大多未经人工处理就重新进入水循环，因此在此不计入耗水量。根据该地区在原水运输、供水和废水处理等水系统各个用水阶段的能源效率对直接水用能进行量化，其能耗强度因使用不同类型的能源（化石燃料、进口电力、热能等）和不同的生产技术水平而异。对于水排碳而言，其核算方法与能源燃烧相关的碳排放核算方法类似，但主要针对水资源系统消耗能源而产生的二氧化碳排放量。

$$\begin{cases} W_i = \sum_{n=1} w_i^n \\ E_i^w = W_i\,\beta_i \\ C_i^w = E_i^w \gamma_i \end{cases} \tag{6-2}$$

式中，W_i、E_i^w 和 C_i^w 分别为某个区域领土内部门 i 的直接耗水量、与水相关的能耗（水用能）和与水相关的碳排放（水排碳）；w_i 为某类水资源的消耗量；n 为具体的水资源种类；β_i 为水用能系数；γ_i 为一个地区内直接水用能的碳排放系数。

6.3.2　能–水–碳耦合代谢的直接流

图 6-2 显示粤港区域内能–水–碳排放直接消耗量/排放量最大的九个经济部门。这些部门对其所在地区的总直接流量的贡献超过了 70%。例如，广东和香港分别有 94% 和 98% 的直接碳排放都是由这九个部门造成的，远超其他 21 个部门的贡献。

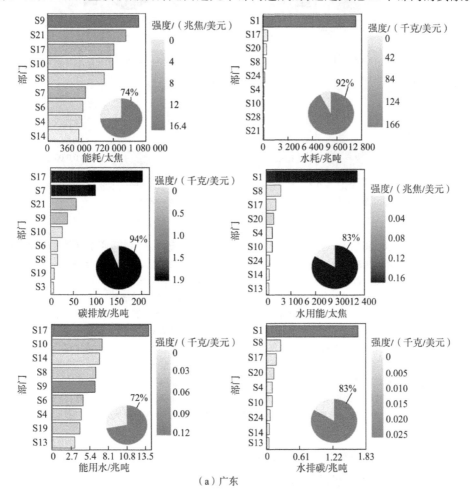

（a）广东

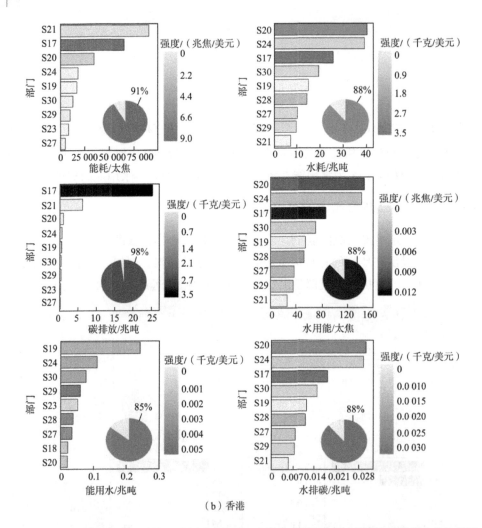

（b）香港

图 6-2　粤港直接能源消耗、水资源消耗、碳排放、水用能、能用水和水排碳中贡献前九位的部门
饼状图代表九大部门的消耗量、排放量占香港所有生产部门的消耗量、排放量的比例，颜色的深浅代
表该部门的生产强度（每单位总产出的资源消耗量/碳排放量）。部门全称：S1 即农林牧渔业；S2 即
采矿和采石；S3 即制造食品、饮料及烟草制品加工；S4 即纺织品及相关服装；S5 即木材及木和软木
制品；S6 即纸浆、纸、纸产品、印刷和出版；S7 即焦炭、成品油和核燃料；S8 即化学品及化学制品
业；S9 即其他非金属矿产业；S10 即金属制品业；S11 即机械和设备；S12 即运输设备；S13 即电机
及仪器；S14 即电子和电信设备；S15 即仪器仪表及其他制造业；S16 即废物的回收和处置；S17 即
电力、燃气和水供应业；S18 即建造业；S19 即批发、零售及维修业；S20 即酒店和餐馆；S21 即运
输、仓储、邮政和电信服务；S22 即电脑及相关服务；S23 即金融中介；S24 即房地产；S25 即租赁
及商务服务；S26 即科学研究和综合技术服务；S27 即卫生及社会工作；S28 即教育；S29 即公共管
理、社会保障和社会组织；S30 即其他社区、社会及个人服务

　　具体来说，各类资源代谢要素的主导部门有较大差异。对于能源和能用水
来说，电力、燃气和水供应业（S17）是广东较大的消耗部门之一，分别消耗

了 $7.4×10^{11}$ 兆焦的能源（占能源消耗总量的 10%）和 13.7 兆吨能用水（占能用水总量的 18%）[图 6-2（a）]。此外，化学品及化学制品业（S8）、其他非金属矿产业（S9）和金属制品业（S10）等制造业部门也消耗了大量的能源和能用水。然而，也存在反例，例如，运输、仓储、邮政和电信服务（S21）部门直接消耗了大量的能源（$8.6×10^{11}$ 兆焦，占总量的 11%），但其能用水的消耗较小。这主要是因为在广东的交通运输领域，石油仍是主要的能源消费类型，而电力只占一小部分。在广东的水消耗及其相关的能源和碳排放中，农林牧渔业（S1）起到最重要的作用，占直接水消耗总量的 76%（11 939 兆吨），占水用能（$1.2×10^{10}$ 兆焦）和水排碳（1.69 兆吨）的一半。电力、燃气和水供应业（S17），酒店和餐馆（S20）和化学品及化学制品业（S8）的耗水量次于农林牧渔业（S1），其对应的水用能和水排碳量也较大。广东直接碳排放总量最大的行业主要是重工业和交通运输业，占总排放量的 90%。香港的情况略有不同，服务业消耗的能源和水较多，而制造业的影响则小得多[图 6-2（b）]。例如，批发、零售及维修业（S19），酒店和餐馆（S20），房地产（S24），公共管理、社会保障和社会组织（S29）是能耗和能用水消耗以及能源相关碳排放的主要部门。但与广东类似的是，在香港的这三种类代谢流中，电力、燃气和水供应业（S17）也发挥着重要作用。而在水耗、水用能和水排碳方面，服务业仍然占主导地位。其中，酒店和餐馆（S20）的资源消耗量和碳排放量最大。

能源和水资源消耗较高或碳排放较高的部门通常整体代谢效率较低。由于香港的经济模式为服务主导型，所以香港的流量强度普遍比广东低。但香港的电力、燃气和水供应业的能源强度和碳排放强度分别比广东高出 40%和 88%，这是因为火力发电是香港电力供应的重要来源（至少 74%来自火力发电）。

6.4　能–水–碳耦合足迹核算

6.4.1　耦合足迹评估方法

本章对本土端足迹（territorial-based accounting，TEA）和消费端足迹（consumption-based footprint，CBF）的评估围绕能源、水资源、碳排放和三种耦合元素（能用水、水用能和水排碳）而开展。本土端足迹被定义为在区域边界内发生的直接能源消耗、水耗和碳排放。消费端足迹包括由一个地区的最终消费（不包括对其他地区的出口）驱动的产品和服务消费中所隐含的能源消耗、水资源消耗和碳排放。基于投入产出模型，消费端足迹可以揭示区域间与贸易相关的能–水–碳耦合联系。一个地区的人均本土端足迹和人均消费端足迹计算公式如下所示：

$$\begin{cases} \mathrm{TEA}^t = \dfrac{d^t}{p} \\[2mm] \mathrm{CBF}^t = \dfrac{F^t}{p} \end{cases} \tag{6-3}$$

式中，p 为一个地区的人口；d^t 为区域 r 或区域 s 在区域边界内直接消耗的能源、水资源和产生的碳排放；F^t 为区域 r 或区域 s 最终消费驱动的隐含能耗–水耗–碳排放量（隐含流的具体核算方法见本章 6.5.1 节）。一个地区家庭和政府的直接能耗、水耗和碳排放也包括在消费端足迹中（Feng et al.，2015）。

本土端足迹强度（e'_{TEA}）和消费端足迹强度（e'_{CBF}）可以由本土端足迹和消费端足迹分别除以该地区的增加值（v）和最终消费（y）得到。对于能源、水资源和碳排放而言，本土端足迹强度和消费端足迹强度的核算基于整个系统，因此在计算时应除以整个区域的总附加值和整个区域的最终消费。对于能用水而言，应该只考虑能源供应部门的附加值和最终消费量，而对于水用能和水排碳而言，强度分析应该只考虑供水相关部门。本土端足迹强度和消费端足迹强度公式见式（6-4）。

$$\begin{cases} e'_{\mathrm{TEA}} = \dfrac{\mathrm{TEA}^t}{v} \\[2mm] e'_{\mathrm{CBF}} = \dfrac{\mathrm{CBF}^t}{y} \end{cases} \tag{6-4}$$

6.4.2 本土端和消费端的能–水–碳耦合足迹

图 6-3 显示了粤港人均本土端足迹和人均消费端足迹。研究发现，对于广东而言，无论何种资源，人均本土端足迹都大于人均消费端足迹。在与能源相关的三种流量（能源、能用水和碳排放）中，人均本土端足迹大约是人均消费端足迹的 1.5~1.6 倍，例如，人均本土端碳足迹是 5.0 吨，大于其人均消费端碳足迹（3.1吨）。但在与水相关的三种流量（水资源、水用能和水排碳）中，两者的差异很小。广东的出口生产通常来源于能源密集型和高碳型产业，这是造成广东资源环境压力的一个重要驱动因素。相比之下，香港消费端的能–水–碳足迹非常突出，能用水的人均消费端足迹（0.37 吨）是其人均本土端足迹（0.16 吨）的 2 倍。香港经济对环境产生的影响主要由城市居民的高消费引起。比较粤港两地的人均本土端足迹，除碳排放和水排碳外，广东的人均本土端足迹在所有类型的流量中都高于香港。从行业层面的结果来看，电力、燃气和水供应业是香港碳排放的重要来源。将粤港两地的人均消费端足迹进行比较可以发现，除水资源和能用水外，香港的人均消费端足迹在所有类型的流量中都高于广东，而广东具有更高的人均消费端水足迹，这主要是因为省内分布有大量与农产品、批发、零售、维修、酒店和餐饮等相关的高水耗行业，生产的影响会传导到本地消费。

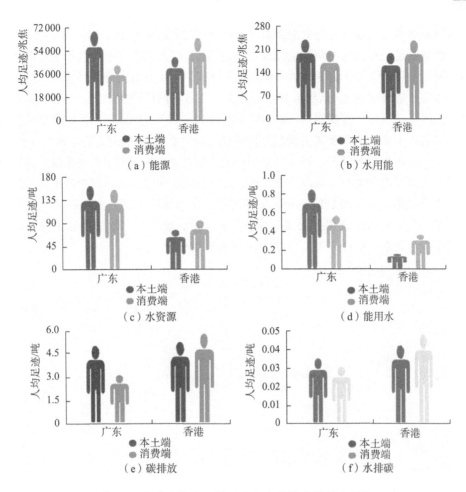

图 6-3　粤港人均本土端足迹和人均消费端足迹对比

　　粤港的能用水足迹只占本土端水资源的 0.3%~0.5%，水用能足迹只占总体能源足迹的 0.3%~0.4%，水排碳足迹只占总体碳排放足迹的 0.7%~0.8%。不同的城市和地区的相关研究也报道了类似的结果（Ramaswami et al., 2017a; Chen S Q and Chen B, 2016b）。值得注意的是，尽管耦合足迹（水用能、能用水和水排碳）只占总体环境足迹（能源、水资源和碳排放）的一小部分，但是耦合足迹强度（每单位增加值的本土端足迹）却往往高于整体环境足迹强度（图 6-4）。例如，广东的本土端水用能足迹强度（15.4 兆焦/美元）是本土端能源足迹强度（8.3 兆焦/美元）的 1.86 倍。广东的本土端水排碳足迹强度（2.3 克/美元）是本土端碳排放足迹强度（0.6 克/美元）的 3.83 倍，香港本土端水排碳足迹强度（0.23 克/美元）是本土端碳排放足迹强度（0.16 克/美元）的 1.44 倍。这表明与水相关的行业的能源足迹强度与碳排放足迹强度高于整个区域经济系统的强度，而且这种强度差距在消费端中体现得更为明显。虽然水用能的消费端足迹仅占两个地区能源消费端足迹的 0.5%左右，但水用能消费端足迹强度比总能源消费端足迹强度分别高 4 倍和 2 倍。同样地，水排碳的消费端足迹只占总消费端碳排放足迹的 1%，但其基于水系统的消费端碳排放足迹强度（每单位最终消费的消费端足迹）分别是广东和香港整体经济系统的消费端碳排放足迹强度的 10 倍和 6 倍。这表明，在等额的消费支出下，与能–水–碳耦合有关的活动中通常需要消耗更多的隐含能源和水资源。但能用水足迹强度是个例外，它的本土端足迹强度和消费端足迹强度分别比水资源足迹强度低 80%~88%和20%~60%。这主要是因为一些水密集型行业（如农业和采矿业）的用水效率比能源系统中的用水效率更低。耦合系统（能源系统中的用水或者水系统中的用能）的低效率会使得耦合系统增加能源和碳足迹的速度比整体区域经济系统的平均速度要快得多。如果将这个结果扩大到全球范围去考量，能用水、水用能和水排碳的体量很可观，实现对耦合系统更为高效的管理有重要价值。

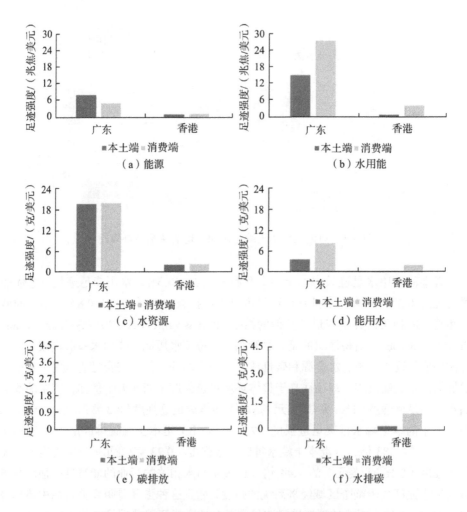

图 6-4 粤港本土端足迹强度和消费端足迹强度对比

6.4.3　跨区域能-水-碳耦合足迹的来源地

图 6-5 展示了不同生产来源和最终消费类别对区域间能-水-碳足迹的贡献。研究发现，隐含在广东省最终消费的能-水-碳足迹中，有 76%~79%由本地生产所提供，其余 21%~24%来自与其他地区的区域间贸易，特别是对于三种耦合足迹（水用能足迹、能用水足迹和水排碳足迹），21%的消费端足迹从广东省外包到其他地区。源自香港的能源、水资源和碳排放只占广东总消费端足迹中的一小部分（不到 1%）。这主要是因为广东具有较完善的资源开采、制造和加工产业链，同时也有一部分进口国内外市场产品来支持其区域发展。相比之下，全球化对香港环境足迹的影响更大。香港的最终消费中 30%及以上的能-水-碳足迹来自广东及其他地区的生产，其中，分别有 44%和 42%的隐含水资源足迹和能源足迹与区域间贸易有关。香港的水资源足迹与广东的生产最为相关（占比 26%），这主要是因为香港许多耗水量大的产品（如食物）都由广东供应。另外，与能用水足迹相比，两种与水相关的耦合足迹（水用能足迹和水排碳足迹）和广东的生产更加相关。总体而言，香港将这三种耦合足迹中 34%~37%的资源环境压力外包到了广东及其他地区。

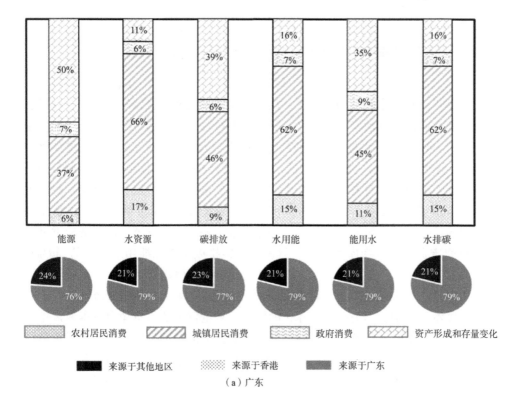

（a）广东

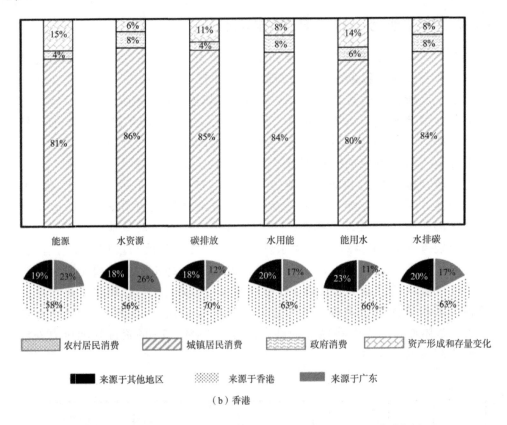

图 6-5   粤港的能–水–碳足迹中最终消费类别驱动占比和生产来源占比

在广东三种与水相关的足迹中，从消费端结果来看，城镇居民消费、农村居民消费和政府消费驱动了大部分水资源足迹（89%）、水用能足迹（84%）和水排碳足迹（84%）。这主要是因为家庭和政府使用了大量高度耗水的产品，譬如食品和纸张。对于广东三种与能源相关的足迹（能源足迹、能用水足迹、碳排放足迹）而言，资产形成和存量变化的贡献十分显著。广东的资产形成和存量变化驱动了一半的能源消费碳足迹，而固定资本形成和库存增加与城市扩张过程中的房屋和基础设施建设有关。对于碳排放足迹和能用水足迹，虽然城镇居民消费的贡献更大，但固定资本形成和库存增加仍然占总体碳排放足迹和能用水足迹的 39%和35%。与广东相比，香港的能–水–碳足迹则以城镇居民消费为主，其城镇居民消费占各类足迹的 80%及以上。值得注意的是，此处的城镇居民消费统计包括了非常住居民本地消费。作为一个国际化的城市，香港巨大的消费动力由本地常住居民和游客共同贡献。虽然香港是一个具有高购买力的消费型城市，但由于新建设空间有限，在建筑和设备方面的新增投资明显低于广东。因此，固定资本形成和库存增加在香港各类足迹中所占的份额则要比广东低得多，占 6%~15%。

6.5　能–水–碳的跨区域模拟

6.5.1　能–水–碳耦合跨区域模拟方法

本节在核算的基础上，通过追踪由地区最终消费驱动的隐含在贸易交流中的能–水–碳流动，建立一个面向耦合代谢的区域间投入产出模型，评估粤港两地的能–水–碳耦合关系。为了构建区域间投入产出表，在对地区间双边贸易的调查基础上，利用引力模型（Bergstrand，1985；Carrère，2006）来估算部门层面的经济流动量。部门贸易量可以根据两个地区之间的经济总量和地理距离进行估算，同时为了确保最终估算的可靠性，估算结果需要根据从海关获得的实际贸易数据来进行验证修正。建立区域间投入产出表的一个关键在于估算部门层面的货币流动：

$$M_i^{rs} = e^{\mu_0} \frac{(EX_i^r)^{\mu_1}(IM_i^s)^{\mu_2}}{(d^{rs})^{\mu_3}} \tag{6-5}$$

式中，EX_i^r 为区域 r 内某一行业 i 的总流出量；IM_i^s 为区域 s 内某一行业 i 的总流入量；d^{rs} 为区域 r 与区域 s 之间的地理距离；e^{μ_0} 为比例常数；μ_1、μ_2、μ_3 为权重参数，μ_1、μ_2 分别表示流出量、流入量的权重，μ_3 表示与距离相关的权重。本节采用普通最小二乘法（ordinary least squares，OLS）对方程参数进行估计，具体使用从 2011 年至 2016 年包括中国的广东、香港、澳门，以及日本、韩国、印度、印度尼西亚、马来西亚、菲律宾和新加坡的地理邻近区域的区域贸易数据来估计该模型的参数。

区域间贸易系数（t_i^{rs}）是指区域 r 与区域 s 之间的贸易占 s 区域 i 部门总投入的比例，它可以用区域间贸易（M_i^{rs}）除以接收区域内某个部门 i 的总投入计算得出。对于在中间投入中不区分进口产品和本地投入产品的竞争型投入产出表，接收区域 s 某个部门 i 的总投入为本地总产出、国外进口和国内进口之和。

$$t_i^{rs} = \frac{M_i^{rs}}{X_i^s + IM_i^s} \tag{6-6}$$

区域间投入产出表也提供了区域内部的经济流动信息，也就是区域自给自足的实际部分。在本章中，s_i^{rr} 表示的是区域 r 部门 i 总投入中来源于区域 r 内部生产的所占比例，其计算方法是用区域 r 总产出除以区域 r 总产出、国外进口和国内进口之和：

$$s_i^{rr} = \frac{X_i^r}{X_i^r + IM_i^r} \tag{6-7}$$

假设区域 s 对来源于区域 r 的进口产品在中间消费和最终消费中有相同的分配比例。区域 r 和区域 s 之间的中间消费流动($[Z_{ij}^{rs}]_{n \times n}$)和最终消费流动($[Y_{ij}^{rs}]_{n \times m}$)

可以根据式（6-8）与式（6-9）计算得到。$[t_i^{rs}]_{n\times n}$ 是区域间贸易系数的对角矩阵。$[z_{ij}^r]_{n\times n}$ 和 $[y_{ij}^r]_{n\times m}$ 来源于区域 r 的单区域竞争投入产出表，表示中间消费矩阵和最终消费矩阵。据此，通过式（6-10）与式（6-11）可以计算区域内中间消费（$[Z_{ij}^{rr}]_{n\times n}$）和最终消费（$[Y_{ij}^{rr}]_{n\times m}$）：

$$[Z_{ij}^{rs}]_{n\times n} = [t_i^{rs}]_{n\times n} \times [z_{ij}^s]_{n\times n} \tag{6-8}$$

$$[Y_{ij}^{rs}]_{n\times n} = [t_i^{rs}]_{n\times n} \times [y_{ij}^s]_{n\times n} \tag{6-9}$$

$$[Z_{ij}^{rr}]_{n\times n} = [s_i^{rr}]_{n\times n} \times [z_{ij}^r]_{n\times n} \tag{6-10}$$

$$[Y_{ij}^{rr}]_{n\times m} = [s_i^{rr}]_{n\times n} \times [y_{ij}^r]_{n\times m} \tag{6-11}$$

通过上述计算，本章可以估算出正对角线部分所表示的区域内贸易流动和非对角线部分所表示的区域间贸易流动。在此基础上得到的区域间货币流量表需采用双比例尺度法（biproportional scaling method，RAS）对模型进行调整。区域间投入产出表的构建过程见图 6-6。

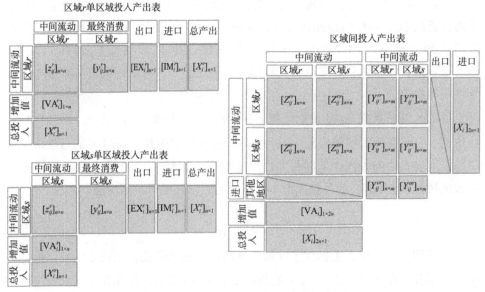

图 6-6　区域间投入产出表的构建示意图

根据前面直接代谢流的核算，本节首先根据直接流动清单分别建立了粤港的资源环境卫星账户。由此，可计算两地经济部门能耗、水耗、碳排放、水用能消耗、能用水消耗、水排碳强度。关于强度的定义及计算公式在第 5 章已有相关介绍，在此不作赘述。

投入产出分析方法已被广泛应用于环境与社会足迹的核算（Wiedmann，2007；

Turner，2007；Wiedmann and Lenzen，2018）。这里应用投入产出分析方法中的里昂惕夫模型（Leontief model）（Leontief，1936），结合资源环境卫星账户来计算隐含在区域间贸易经济交流中的能–水–碳耦合流动的转移。这种方法可以量化在一个地区由其他地区的最终消费所引起的隐含流动，反之亦然。能–水–碳隐含耦合流动核算过程如式（6-12）~式（6-14）所示。

$$L = (I-A)^{-1}, \quad A = \begin{bmatrix} a_{ij} \end{bmatrix} \tag{6-12}$$

$$f^t = \begin{pmatrix} f_{rr}^t & f_{rs}^t \\ f_{sr}^t & f_{ss}^t \end{pmatrix} = \begin{pmatrix} \theta_r^t & 0 \\ 0 & \theta_s^t \end{pmatrix} \begin{pmatrix} L_{rr} & L_{rs} \\ L_{sr} & L_{ss} \end{pmatrix} \begin{pmatrix} y_{rr} & y_{rs} \\ y_{sr} & y_{ss} \end{pmatrix} \tag{6-13}$$

$$T_i^t = \sum_{j=1} f_{r(j) \to s(i)}^t + \sum_{j=1} f_{s(i) \to r(j)}^t \tag{6-14}$$

式中，L 为里昂惕夫逆矩阵，也就是总需求系数矩阵，代表所有部门生产单位总产出所需要的其他部门的投入，包括直接投入和基于全供应链的间接投入；A 为直接需求系数矩阵，代表所有部门生产单位总产出所需要的其他部门的直接投入，在投入产出分析中，A 可以通过 $a_{ij} = x_{ij}/X_j$ 进行核算，其中 x_{ij} 是部门 i 到部门 j 以货币形式的中间流动，X_j 代表部门 j 的总产出；f 为区域内和区域间的能–水–碳隐含流动（在区域 r 与区域 s 之间的元素 f）；θ_r^t 和 θ_s^t 为区域 r 和区域 s 某种元素 t 的直接流动强度；y 为一个地区的最终消费（包括城镇居民消费、农村居民消费、政府消费、固定资本形成和库存变化），例如，y_{rs} 是地区 s 由地区 r 生产所满足的最终消费量；T_i^t 为部门 i 的跨区域隐含流动通量，包括流入量和流出量，T_i^t 是基于两个地区的最终消费驱动，包括从区域 r 到区域 s 的流动（$f_{r(j) \to s(i)}^t$）和从区域 s 到区域 r 的流动（$f_{s(i) \to r(j)}^t$）。由于在区域间能–水–碳耦合隐含流动模拟的重点在于论证两个地区之间的联系（例如，在本章中是广东和香港），因此此处将世界其他地区简化为一个整体区域来看待。

6.5.2　跨区域能–水–碳耦合代谢网络

用 A1~A30 代表广东 30 个行业部门，B1~B30 代表香港 30 个行业部门。研究发现，在所有类型的能–水–碳隐含流动网络中，广东对香港的资源和排放转移占主导地位。两个地区转移量区别最大的是能用水隐含流动，其中从广东到香港的流动是反方向流动的 110 倍，而最小的差距是水排碳隐含流动，从广东到香港的流动是反方向流动的 17 倍，这与前面发现的区域间流动总量的关系一致。

在不同类型的流动网络中，主导的出口部门有所不同。在广东能源相关的隐含流动网络中（能源、能用水和碳排放），制造业相关部门的作用最显著，特别是广东的运输、仓储、邮政和电信服务（A21）部门和金属制品（A10）部门，这两个部门是最大的隐含能源出口行业。广东的金属制品（A10）被大量销往香港进行再加工以满足当地的最终消费需求，其中伴随着 $0.3×10^{10}$ 兆焦的隐含能源流动。电子和电信设备（A14）部门在能用水隐含流动网络方面也很重要。电力、燃气和水供应业（A17）则在隐含碳排放流动网络中占主导地位，香港通过从广东进口电力将部分碳排放外包给广东。2012 年通过电力、燃气和水供应业（A17）从广东到香港转移的隐含碳排放流量约为 1.0 兆吨。就主导的进口部门而言，香港的批发、零售及维修业（B19）和运输、仓储、邮政和电信服务（B21）部门是主要的隐含碳排放进口部门。虽然如此，也有隐含碳排放通过香港的电力、燃气和水供应业（B17）转移至广东的电子和电信设备（A14）部门。至于由水资源占用引发的在两个地区之间的隐含转移（水资源、水用能和水排碳），农林牧渔业在流动网络中占主导地位。由于农产品跨区域贸易，香港有近 12.7 兆吨的隐含水资源来自广东。相比之下，在水用能和水排碳的跨区域隐含流动网络中，农业、制造业和服务业的流动分布更加分散。《粤港澳大湾区发展规划纲要》提出"绿色发展，保护生态"的基本原则，大湾区要整体走向绿色低碳的发展模式，减少环境足迹和耦合足迹的责任应由香港和广东各主导部门共同承担。

6.6　本 章 小 结

本章综合考量了区域内的直接流动和在上游供应链中的隐含流动，提出了一个系统分析框架来探讨跨区域间的能–水–碳耦合现象。该框架涵盖了能源、水资源和碳排放三种单独资源环境足迹及其在相互耦合作用下的足迹。以广东和香港为研究案例，本章通过构建区域间投入产出模型，量化评估了粤港两地间的直接和隐含耦合关系，对城市及区域的资源低碳协同管理都有一定的借鉴意义。主要结论包括：①本地水资源的稀缺可能会导致水资源压力向周边地区转移。香港有接近四分之一的水足迹通过进口水密集型产品（如农产品等）外包至广东。这种由水资源触发的耦合关系也被嵌合到能源跨区域供应的问题上，即水资源系统中耗费的能源也会影响跨区域能源供应情况。②与能源有关的足迹（能源、能用水和碳）的外部化在香港很突出，这成为香港以及类似城市在推广能源系统低碳可持续发展的一大挑战。③无论从本土端还是消费端来看，耦合足迹均占总能源、水资源或碳足迹的一小部分。然而，耦合足迹强度要比一般的能源、水资源和碳足迹强度要高得多。水资源系统的能源足迹和碳足迹强度比整体区域经济系统的能源足迹强度和碳足迹强度高 2 倍以上，而这种强度差距在两个地区的隐含流动中更为突出。这种差距很可能意味着耦合能源、水资源和碳足迹的管理更松散，改善潜力更大，需建立跨边界管理耦合足迹的合作框架。本章所提出的跨区域耦合分析框架旨在促进区域间能–水–碳的协调管理，未来可应用于不同空间尺度下各类重要资源耦合问题的解析和应对。

第 7 章

本章科学问题：如何利用经济社会代谢理论与方法来实现城市与区域资源可持续利用和提升应对气候变化的能力？

城市和区域低碳协同管理：总结与展望

能源转型与碳减排的步伐日益加快，绿色技术研究、高新产业与低碳经济发展方兴未艾。2021 年 9 月，《中共中央 国务院关于完整准确全面贯彻新发展理念做好碳达峰碳中和工作的意见》指出，以经济社会发展全面绿色转型为引领，以能源绿色低碳发展为关键，加快形成节约资源和保护环境的产业结构、生产方式、生活方式、空间格局，坚定不移走生态优先、绿色低碳的高质量发展道路。该意见为科学有序推进我国各地区和城市的绿色转型和实现"双碳"目标提供了重要指引。

正所谓"牛牵鼻子马抓鬃"，城市是生产、消费和物流的中心，是应对环境问题和全球气候变化的重要战场，利用好城市的减排潜力至关重要。从城市层面研究可持续性发展路径是寻求平衡经济发展和生态系统健康的关键点，有着重要的科学内涵和现实意义。在我国多个城市和城市群中，均已明确要求通过减少对化石能源依赖促进能源结构升级、推动能耗"双控"向碳排放总量和强度"双控"转变、居民消费低碳转型等手段来加快城市经济社会的资源可持续利用与低碳发展。城市代谢理论与方法运用了生态、地理和经济等多个学科领域的方法及工具，旨在解决城市的复合型问题，如能源消耗、碳排放、水资源综合利用、无废城市和区域可持续发展等，可以帮助城市在低碳转型的同时构建更加健康及可持续的资源利用模式。

作为结尾，本章将从气候变化应对与城市碳管理、资源集约节约利用与碳减排协同两个方面对本书的研究内容和政策内涵加以总结，梳理城市及区域代谢领域的未来研究展望，并提出在"双碳"目标下城市及城市群资源可持续利用和深度脱碳的相关政策建议。

7.1 气候变化应对与城市碳管理

7.1.1 城市碳代谢理论的价值

城市的低碳管理以及企业和居民的减排行动是当下气候变化应对的重要抓手，对于碳达峰、碳中和目标的实现具有引领性的作用。在城市代谢过程中，自然、经济及社会三个子系统的资源流通相互交织、紧密联系。不受节制的经济开发活动会给生态环境造成破坏，产生一系列资源"代谢病"，但也可能反过来冲击社会进步和各子系统的互动模式，从而深刻地影响可持续发展的走向。碳代谢分析可以反映出城市活动对全球气候变化的影响，并帮助挖掘应对策略。人类活动对城市碳代谢的影响复杂多样，并与各种自然和经济成分相关联。城市碳代谢的模拟与评估至少可以从流量与结构两个角度来实现，其中流量指标主要包括碳通量、碳输入量、碳进出口、碳排放等，而结构指标则包括碳贸易赤字率、碳滞留率及碳排放率等，各有侧重。在城市代谢网络中，产品中所包含的物质碳、经济贸易活动相关的碳排放和生物碳吸收都是城市碳通量的重要组成部分。其中，经济贸易活动碳排放最为复杂，包括与边界内能源使用相关的直接排放、进口电力的隐含排放和其他商品进口的隐含排放等组分，涉及城市代谢在地域上的"延伸"或者"外溢"。

目前，常用于城市代谢的定量化分析与模拟方法包括物质流分析、生命周期分析、投入产出分析、生态网络分析和社会网络分析等。其中，物质流分析、生命周期分析、投入产出分析可量化直接或隐含在贸易中的碳流量与存量变化，在确定城市直接和间接代谢规模演变方面发挥着重要作用。生态网络分析和社会网络分析则是研究代谢结构和部门互作的有力工具，研究者可以通过构建城市碳代谢网络来评估城市整体系统与各部门的气候变化影响及相互关系，甚至通过跨区域的资源流通模拟来揭示城市间的协同和竞争关系，从而识别出更为系统、更为和谐的资源低碳利用和行业脱碳路径。比如，受到系统思维的启发，在单独的生态网络分析和社会网络分析基础之上，本书提出了生态–社会联合网络分析方法框架、融合方式和联合应用案例。在实践层面上，这将有助于解决城市资源利用低碳优化中传递路径复杂、调控不佳和利益主体关系不明等现存问题。在研究的层面上，也试图通过本书成果进一步拓展"城市碳代谢"的理论内涵和应用价值。

7.1.2 城市碳代谢模式及影响因素

城市碳流通在全球范围内是否存在统一的模式？这一困扰该领域研究多年的问题，影响着我们对低碳零碳城市建设的路径选择。围绕着这一问题，从代谢的角度，本书也给出了其中一种解答。在全球城市的代谢网络中，国内外城市的经济发展水平和生活方式均是人均碳排放量的重要因素，同时也对人均碳输入和碳通量产生了显著的影响。当然，城市的差异是客观存在的，也可能会长期存在。

例如，中国超大型城市的总体碳通量水平高于欧美城市，但人均碳代谢规模相对较小，这主要与国内城市人口密度较大、公共设施利用率高和生活消费方式等有关。在大部分城市碳代谢系统中，服务业与制造业都是最主要的驱动行业，其次是建筑业和家庭消费，其中建筑业在城市间的碳流动更为多样化，而交通在不同城市中的作用差异较大。随着城市化的推进，经济社会水平、人口规模、建筑面积、能源消耗及生活方式等对碳通量与排放量及整个碳代谢系统均有广泛的影响，其中人均建筑与住房面积、能源消费的影响尤为突出，说明城市能源消费和建设规模带来的气候影响具有广泛性和综合性。因此，资源流动、人口规划和土地布局等对于未来的城市碳管理有很大的参考价值。运用城市代谢理论和方法来评估城市的碳代谢表现及影响，发现人口密度高但人均碳排放量较低的城市碳代谢系统呈现更为健康的趋势，这表明城市碳减排和资源利用优化的目标有望在同一城市管理框架中一起实现。

当然，除了科学上的探讨，我们还需要从政策实施层面上分析统一或差异化模式对于减碳的影响。比如，建设更为紧凑、资源共享更为充分的大型城市也有可能比小型城市更为接近低碳发展，前提是能同步进行能源结构优化和产业升级调整。此外，根据对主导部门的识别结果，应引导电力、制造、服务等重点行业节能降碳，推动家庭与政府消费绿色转型和加强对城市耐用品存量的管理。这些措施对于建立低碳可持续的城市代谢模式有重要意义。

7.1.3 代谢网络视角下的碳管理

近几年，国内相继出台多份省市级层面的"双碳"政策与规划文件，明确提出构建清洁低碳安全高效能源体系、提升城乡建设绿色低碳发展质量、加快推进低碳交通运输体系建设、深度调整产业结构以及持续巩固提升碳汇能力等重点任务。为了科学落实这些任务，要系统性地摸清城市和区域的排放环节与各行业贡献这一关键支撑点。本书对碳流量和碳存量进行分析，并对部门间区域间的碳转移追踪量化，有助于摸清城市和区域的"碳家底"。具体来说，应找出相关部门平衡能源供应与需求间的关系，提出基于全产业链优化各环节减碳成效的管理方法。同时，从系统角度探讨改善用能结构、提高能源利用效率和降低碳排放强度的路径，尽快实现经济发展和碳排放的"脱钩"，支撑碳排放尽快达峰，瞄准达峰后的稳定下降。

在代谢网络视角下，评估政府、贸易、技术、产业及相关进出口之间的复杂关系，有助于提升对资源管理和碳管理的系统性认识：一是从网络分析角度可以清楚识别各行业直接和间接碳减排的关键通路与重要节点，系统考量重点产业链上下游的减排现状，测算未来减排潜力，并预估政府管制与经济调控措施潜在的气候和环境影响；二是基于网络环境下的多部门、多主体互作的分析，可以寻求不同行业间协同减排的方式与空间，提高企业等社会经营主体的减排动力，寻找绿色低碳产品的潜在合作机会和合作对象，促进区域间和企业间联合开发与应用新型节能减排技术。

7.2 资源集约节约利用与碳减排协同

7.2.1 超越边界的资源代谢研究和管理模式

习近平在《生物多样性公约》第十五次缔约方大会领导人峰会上提出，"要解决好工业文明带来的矛盾，把人类活动限制在生态环境能够承受的限度内，对山水林田湖草沙进行一体化保护和系统治理"[①]。党的二十大报告也指出，"坚持山水林田湖草沙一体化保护和系统治理，统筹产业结构调整、污染治理、生态保护、应对气候变化，协同推进降碳、减污、扩绿、增长，推进生态优先、节约集约、绿色低碳发展"[②]。实际上，城市各类资源要素和环境污染的管理也需要生态环境治理的系统观念。

在城市复杂经济系统网络中，能源、水资源和碳排放并不是独立分割的存在，而是在各种尺度中交织在一起。现有研究已逐步揭示了城市生态系统中不同社会经济因素和环境因素的耦合关联，主要聚焦在能源消费、经济发展、水资源利用及碳排放等方面。其中，城市复合系统中的能–水–碳间的耦合关系是当前关注的一个重点。能源供应系统和水资源供应系统相互依存，同时能源消费与水资源利用也是碳排放的重要来源，城市碳排放产生机制与气候变化应对政策高度相关。分析三者在城市代谢网络中的协同和冲突，是推动资源集约节约利用和低碳协同管理的重要基础。当前全球不同地区间的水资源利用、能源需求等方面均存在较大差异。在部门层面上，电力、制造业与交通等行业是大多数城市能–水–碳耦合关系中的关键部门。在方法层面上，解决城市中各类复杂的资源耦合问题需要多种研究视角和方法的融合。其中，通过物质流分析和投入产出分析能够计算本土端和消费端的耦合足迹（如水用能足迹和能用水足迹），从而分析城市及跨区域间的"能–水–碳"耦合联系。在此基础上，生态网络可以进一步模拟在生产和消费中各类耦合资源流的直接和间接转移效应，并识别在这一效应下的部门活动调控机制。当前，全球城市化进程进入了新阶段，城市与城市之间、城市群与城市群

---

① 习近平在《生物多样性公约》第十五次缔约方大会领导人峰会上的主旨讲话（全文），https://www.gov.cn/xinwen/2021-10/12/content_5642048.htm，2023 年 11 月 1 日。

②《习近平：高举中国特色社会主义伟大旗帜 为全面建设社会主义现代化国家而团结奋斗——在中国共产党第二十次全国代表大会上的报告》，https://www.gov.cn/xinwen/2022-10/25/content_5721685.htm，2023 年 11 月 1 日。

之间的关联愈加密切，以城市群为单元的区域资源协同管理需求会不断增加。因此，未来不应只以行政区划为界来寻求区域内部的资源利用优化和减排潜力，还应该以超越行政边界的"经济贸易共同体"的思路来配置资源和实现协同减排。

7.2.2　资源耦合代谢异质性和评估重点差异

在城市能–水–碳耦合代谢系统中，能源和水资源之间的关联发挥着"介导中心"的作用，而碳排放则是重要的"影响终点"。通过对城市能–水耦合以及跨区域能–水–碳耦合代谢模拟，本书发现对于不同的资源要素，直接和隐含资源消耗的结构特点差异很大。比如，混合直接能源（能源和水用能）占据混合隐含能源量的一半，而混合直接用水仅占城市混合隐含用水的三分之一。另外一个重要发现是，耦合足迹的强度及其气候影响可能一直被低估。虽然耦合足迹只占总能源、水或碳足迹的一小部分，但耦合足迹强度比一般的能源、水消耗和碳足迹强度要高得多。这种差距意味着耦合能源、水资源和碳足迹之间的协同管理改善潜力巨大，为我国建立跨部门、跨边界的资源管理机制提供科学依据，从而推动资源利用提效和降碳的实现。

在耦合代谢中，不同部门的表现和相互关系也值得引起我们关注。对于生产和消费较为均衡的地区（如广东），电力、燃气和水供应业是能源和能用水较大的消耗部门。而对于水消耗及其相关的能源和碳排放，农林牧渔业起到最重要的作用。但对于消费型的地区（如香港），服务业在耦合足迹中占据更为重要的地位。这表明，在资源协同评估和管理时，需要深入考查区域的异质性和部门的贡献差异。考虑或不考虑能–水耦合系统，对于探讨城市内各部门间的依存关系会产生一定影响。比如，在本书案例中，制造业和采矿业对农业的控制强度有所提升，而农业对制造业、水生产供应业及交通业的控制和依赖程度均有所下降。值得注意的是，活跃的经济贸易活动会使得这种城市间和部门间耦合交织关系变得更加复杂，例如，部分城市本身在能源和水资源方面的稀缺，会增加整个产业链条上的所有城市的能源和水资源压力，其生产效率的变化对区域碳足迹也有较大影响，这都将给城市资源可持续利用和低碳发展带来较强的不确定性。

7.2.3　多资源协同优化和管理策略

由于耦合关系的广泛存在，在多资源协同优化和综合管理中，需充分考虑以下方面的互联互作。首先，不同分析视角下测算出的资源耦合效应各不相同。基于供给侧分析城市的生产性耗水结构，可以看出农业等产业转向高附加值低碳排放发展模式的必要性；基于消费侧分析高能耗制造业和高碳服务业，可以识别出重点行业节能减排的优化路径。其次，从资源强度的角度看，耦合代谢系统的低效率会使得耦合资源环境足迹增加的速度远高于整体区域资源环境足迹增加的速度，降低了对于全球能源和水资源的协同管理水平。因此，网络协同效应虽可能促进部门间的资源管理协作，但仍需要提高对于水资源用能、水资源碳排放和能源系统用水的针对性监管力度。为此，应灵活发挥市场机制作用，同步实现资源利用过程的供给侧低碳化和消费侧减量化。与此同时，由于城市及城市群多资源耦合过程中较强的相互依赖关系，应一体化规划主导行业的节水、节能和低碳的协同路径，包括提升生产制造的末端处理技术、发展清洁韧性低碳的电力系统、吸引新型绿色技术升级传统服务业等。此外，还应加强区域间的协同合作，如建立跨区域全供应链减排合作机制及资源转出和转入地区之间的生态补偿机制。

在城市群的尺度上，通过调整多地间资源配置关系、促进生产消费联动和优化经济贸易结构将有效减少整个区域的资源足迹和碳足迹。研究发现，面向碳达峰、碳中和目标和经济高质量发展的总体要求，弄清城市和区域多资源代谢的关系和重要机制，有助于提高政府与市场实施各类资源配置的效率和互补性，充分发挥多决策主体和多网络路径的资源联合调控优势，促进产业结构向绿色低碳、高附加值和可持续性强的发展模式转型。

7.3　研究展望与建议

面对资源环境问题的重大挑战，未来应研究建立更加健康且可持续的资源代谢系统，加快推动经济社会发展从高消耗、高排放的工业化模式向创新驱动的低碳可持续发展模式转型。当然，这里面的科学内涵极其丰富，研究任务也是复杂艰巨的，并非本书所能涵盖。基于前面的研究，本章选取了其中几个可攻关的方面进行展望，包括完善城市和区域的资源代谢及温室气体排放数据平台、促进产业生态学方法与可持续科学在资源领域的融合、推动资源代谢低碳协同优化在城市管理中的实际应用等，并给出了城市及区域资源代谢评估与管理领域的研究建议，以供讨论。

7.3.1　"摸家底"：完善城市和区域的资源代谢及温室气体排放数据平台

当前，城市资源代谢管理及碳代谢研究尚处于初期阶段，在方法适用性和数据完备性等方面仍面临较大的挑战。如果要满足我国构建绿色低碳循环发展经济体系的需求，还需要进一步建立和完善相应的以资源代谢为基础的温室气体排放数据库与分析平台。

这里面有几个城市资源环境数据完善的"热点"需求。第一，为了实现更高效的减排管理，应进一步开发和健全经济社会碳代谢数据库与分析平台。具体来说，可考虑整合国内外不同类型城市的行业统计数据与现有的存量计算数据，精细化评估企业、人员、物资和固废相关碳排放，摸清碳的"家底"，同时补充可以区分城市具体部门间的物质流数据与全球城市层面的大样本数据，从而构建统计口径更一致、完整性更高且时效性更强的城市碳代谢数据库。第二，针对城市及城市群耦合代谢科学研究与管理实践的需求，应精确核算在资源耦合系统中所有与社会经济活动相关的资源消耗量和循环利用量（如电力生产过程同时消耗的水资源、生物质燃料，在作物生长过程中消耗的灌溉用水、污水处理过程及上下游的能耗碳排等），建立专门的城市及城市群资源代谢的评估体系与智能化管理平台。第三，未来还可结合卫星遥感数据和人工智能模拟等，建立高精度的局域（园区、社区、公园和街道等）碳排放、碳存量及人工碳汇数据集，用以监测城市资源流量、存量变化和生物碳吸收对气候变化应对与适应的动态影响。

7.3.2 "拓方法"：促进产业生态学方法与可持续科学在资源领域的融合

在所有的生态环境学科分支中，产业生态学可以说是与可持续科学关系最为紧密的学科之一。产业生态学的诸多方法和工具可以直接用于支撑全球可持续发展目标的实现，其中就包括本书所运用到的物质流分析、生命周期分析、投入产出分析和网络分析等。然而，目前产业生态学方法与可持续科学在资源管理中的融合还远远不够。

因此，在数据库完善的基础上，还应进一步从系统分析的视角构建一种资源可持续性利用过程的适应性评估方法。从资源耦合分析的角度，在技术上，应进一步探索可量化城市耦合系统内不同组分间关系的方法，并以此共同评估不同的代谢物质的消费量。例如，可将生态网络分析、产业路径分解和社会成本分析等方法相结合，开展耦合资源足迹的多维度分析，识别和量化碳排放对水系统和能源系统的反馈作用，从而增加跨区域能–水–碳耦合分析的经济政策的科学性。在社会经济分析和生态环境模拟方面，网络分析方法需要有明确的理论基石或应用场景。未来可以结合生态网络分析和社会网络分析两大网络分析方法，用于联结生态环境–社会经济系统，共同融入城市生态、规划和工程学科相应的理论基石。这既有助于完善网络分析基础理论，又可以提高产业生态学分析工具的适用性。在软件和工具研发方面，未来可以研发一种更为直观且可预见的方式来透视能–水耦合作用对所有部门的影响，并优化各部门的能用水效率和水用能效率。在决策应用方面，还需继续寻求网络分析与经济理论的结合点，建立与主流经济分析和环境治理方法紧密结合的方法论，并发展出有别于其他资源流通分析方法的独特应用价值。

7.3.3 "促应用"：推动资源代谢低碳协同优化在城市管理中的实际应用

未来还有必要建立针对城市资源代谢系统优化的技术实施框架，并应用于具体的用水用能、土地利用和城乡发展的规划与管理中。解决城市资源短缺和碳排放问题需要深刻了解城市内与跨边界的资源耦合关系,并针对每个城市的经济社会形态来制定相应的方案策略。因此,本书资源代谢研究的政策指向性非常明确。

　　首先,针对城市内能用水或水用能的边界应有更为明确的定义,譬如处理好间接能源、水资源消费对环境管理的影响,避免跨边界资源消耗外包和碳泄漏加剧贸易下游地区的环境问题,并加强贸易上游地区责任意识。其次,为实现资源利用过程的协同管理,可通过识别区域部门之间的控制–依赖关系、关键产业链环节和经济社会驱动因素,明确各部门的角色与责任,制定协同管理策略。由此,从全生命周期和产业链的角度,进一步制定针对跨区域的资源耦合管理的优化策略与优先步骤。再次,对不同代谢流动进行融合分析时,应该从城市的首要环境挑战和各种优先保护事项综合考虑,比如严重缺水型的服务业城市与高碳的工业城市对于能、水、碳的调控的优先级别应有所区别。基于此,可设计一系列符合城市和城市群经济社会发展现实的策略,识别能源、水资源低碳发展路径。最后,还应系统探讨协调各行业碳减排的科学管理机制,包括动态监测国内和国外市场对城市碳排放的影响、对快速消费品和耐用品进行差异化管理、针对相关重点行业建立资源利用相关的强制性碳减排和自愿性碳减排执行机制。经过适应性调整后,相信本书中粤港澳大湾区的跨区域资源代谢方法与模型还可以推广到我国其他超大城市群(如京津冀城市群、长三角城市群、长江中游城市群和成渝城市群等),应用于支撑我国建立面向"双碳"目标的城市群一体化资源可持续利用模式。

参 考 文 献

北京市统计局. 2009. 北京统计年鉴 2008. 北京: 北京市统计局.

毕军, 刘凌轩, 张炳, 等. 2009.中国低碳城市发展的路径与困境. 现代城市研究, 24(11): 13-16.

蔡博峰. 2011. 世界城市碳排放总量控制和交易体系的启示. 环境保护, 23: 72-73.

蔡博峰. 2014. 城市温室气体清单核心问题研究. 北京: 化学工业出版社.

陈群元, 宋玉祥. 2011. 城市群生态环境的特征与协调管理模式. 城市问题, 2: 8-11.

陈绍晴, 池韵雯, 陈彬. 2021a. 城市资源可持续管理的联合网络分析: 综述与展望. 中国人口·资源与环境, 31(11): 20-33.

陈绍晴, 房德琳, 陈彬. 2015. 基于信息网络模型的生态风险评价. 生态学报, 35(7): 2227-2233.

陈绍晴, 龙慧慧, 陈彬. 2021b.代谢视角下的城市低碳表现评估. 中国科学: 地球科学, 51(10): 1693-1706.

陈晓红, 满强, 由明远, 等. 2011. 城市开发与生态环境相互作用过程研究. 国土与自然资源研究, 1: 64-66.

丁凡琳, 陆军, 赵文杰. 2019. 城市居民生活能耗碳排放测算及空间相关性研究: 基于 287 个地级市的数据. 经济问题探索, 5: 40-49.

葛永林. 2018. 尤金·奥德姆的生态系统概念内涵及其欠缺分析. 自然辩证法通讯, 40(3): 18-23.

广东省水利厅. 2012. 水资源公报 2012. 广州: 广东省统计局.

广东省统计局. 2013a. 广东省统计年鉴 2012. 广州: 广东省统计局.

广东省统计局. 2013b. 广东省能源发展"十二五"规划. 广州: 广东省统计局.

郭学兵. 2018. 2011—2015 年中国生态系统研究网络研究热点分析. 情报探索, 1: 124-128.

国家统计局和环境保护部. 2008. 中国环境统计年鉴 2008. 北京: 国家统计局.

韩博平. 1993a. 生态网络分析的研究进展. 生态学杂志, 6: 41-45.

韩博平.1993b. 生态网络与生态网络分析. 自然杂志, 15(Z1): 46-49.

韩梦瑶, 姚秋蕙, 劳浚铭, 等. 2020. 中国省域碳排放的国内外转移研究: 基于嵌套网络视角. 中国科学: 地球科学, 50(6): 748-764.

侯梦利, 孙国君, 董作军. 2020. 一篇社会网络分析法的应用综述. 产业与科技论坛, 19(5): 90-93.

黄晓芬, 诸大建. 2007. 上海市经济—环境系统的物质输入分析. 中国人口·资源与环境, 3: 96-99.

鞠丽萍, 陈彬, 杨谨. 2012. 城市产业部门 CO_2 排放三层次核算研究. 中国人口·资源与环境, 22(1): 28-34.

李比希. 1983. 化学在农业和生理学上的应用. 刘更另译. 北京: 农业出版社.

李娅婷. 2010. 中国社会代谢系统生态网络分析. 北京: 北京师范大学.

李中才, 徐俊艳, 吴昌友, 等. 2011. 生态网络分析方法研究综述. 生态学报, 31(18): 5396-5405.

梁赛, 王亚菲, 徐明, 等. 2016. 环境投入产出分析在产业生态学中的应用. 生态学报, 36(22): 7217-7227.

林伯强, 刘希颖. 2010. 中国城市化阶段的碳排放: 影响因素和减排策略. 经济研究, 45(8): 66-78.

林伯强, 孙传旺. 2011. 如何在保障中国经济增长前提下完成碳减排目标. 中国社会科学, 1: 64-76.

林泓, 林岚, 贾斌, 等. 2018. 国内社会网络分析应用研究综述与展望: 基于 CiteSpaceIII 计量分析. 亚热带资源与环境学报, 13(2): 85-94.

林剑艺, 孟凡鑫, 崔胜辉, 等. 2012. 城市能源利用碳足迹分析: 以厦门市为例. 生态学报, 32(12): 3782-3794.

刘刚, 曹植, 王鹤鸣, 等. 2018. 推进物质流和社会经济代谢研究, 助力实现联合国可持续发展目标. 中国科学院院刊, 33(1): 30-39.

刘耕源, 杨志峰, 陈彬, 等. 2013. 基于生态网络的城市代谢结构模拟研究: 以大连市为例. 生态学报, 33(18): 5926-5934.

刘心怡. 2020. 粤港澳大湾区城市创新网络结构与分工研究. 地理科学, 40(6): 874-881.

刘竹, 耿涌, 薛冰, 等. 2011. 城市能源消费碳排放核算方法. 资源科学, 33(7): 1325-1330.

刘竹, 孟靖, 邓铸, 等. 2020. 中美贸易中的隐含碳排放转移研究. 中国科学: 地球科学, 50(11): 1633-1642.

卢伊, 陈彬. 2015. 城市代谢研究评述: 内涵与方法. 生态学报, 35(8): 2438-2451.

骆耀峰. 2015. 社会网络分析(SNA)在自然资源管理研究中的应用. 软科学, 29(6): 135-138.

马世骏, 王如松. 1984. 社会-经济-自然复合生态系统. 生态学报, 4(1): 1-9.

穆献中, 朱雪婷. 2019. 城市能源代谢生态网络分析研究进展. 生态学报, 39(12): 4223-4232.

潘家华. 2013. 新型城镇化道路的碳预算管理. 经济研究, 48(3): 12-14.

石磊, 楼俞. 2008. 城市物质流分析框架及测算方法. 环境科学研究, 4: 196-200.

石敏俊, 周晟吕. 2010. 低碳技术发展对中国实现减排目标的作用. 管理评论, 22(6): 48-53.

宋涛, 蔡建明, 倪攀, 等. 2013. 城市新陈代谢研究综述及展望. 地理科学进展, 32(11): 1650-1661.

宋志红, 李常洪, 李冬梅. 2013. 技术联盟网络与知识管理动机的匹配性: 基于 1995—2011 年索尼公司的案例研究. 科学学研究, 31(1): 104-114.

孙磊, 周震峰. 2007. 基于 MFA 的青岛市城阳区物质代谢研究. 环境科学研究, 6: 154-157.

王锋, 吴丽华, 杨超. 2010. 中国经济发展中碳排放增长的驱动因素研究. 经济研究, 45(2): 123-136.

王海鲲, 张荣荣, 毕军. 2011. 中国城市碳排放核算研究: 以无锡市为例. 中国环境科学, 31(6): 1029-1038.

王焕良, 李克忠, 尚克昌. 1994. 论资源型城市持续发展问题. 管理世界, 4: 211-212.

王微, 林剑艺, 崔胜辉, 等. 2010. 碳足迹分析方法研究综述. 环境科学与技术, 33(7): 71-78.

王效科, 欧阳志云, 仁玉芬, 等. 2009. 城市生态系统长期研究展望. 地球科学进展, 24(8):

928-935.

魏群义, 侯桂楠, 霍然. 2012. 近10年国内情报学硕士学位论文研究热点统计分析. 图书情报工作, 56(2): 35-39.

魏一鸣, 范英, 王毅, 等. 2006. 关于我国碳排放问题的若干对策与建议. 气候变化研究进展, 1: 15-20.

温宗国. 2015. 工业部门的碳减排潜力及发展战略. 中国国情国力, 12: 14-16.

夏楚瑜, 李艳, 叶艳妹, 等. 2018. 基于生态网络效用的城市碳代谢空间分析: 以杭州为例. 生态学报, 38(1): 73-85.

夏琳琳, 张妍, 李名镜. 2017. 城市碳代谢过程研究进展. 生态学报, 37(12): 4268-4277.

香港机电工程署. 2013. 香港能源最终用途数据2012. 香港: 香港机电工程署.

香港水务署. 2015. 水务署年报2013-2014. 香港: 香港水务署.

肖显静, 何进. 2018. 生态系统生态学研究的关键问题及趋势: 从"整体论与还原论的争论"看. 生态学报, 38(1): 31-40.

熊欣, 张力小, 张鹏鹏, 等. 2018. 城市食物代谢的动态过程及其水–碳足迹响应: 以北京市为例. 自然资源学报, 33(11): 1886-1896.

薛冰, 李春荣, 刘竹, 等. 2011. 全球1970—2007年碳排放与城市化关联机理分析. 气候变化研究进展, 7(6): 423-427.

张宁, 张维洁. 2019. 中国用能权交易可以获得经济红利与节能减排的双赢吗?. 经济研究, 54(1): 165-181.

张秀芬, 包庆德. 2014. 奥德姆生态哲学思想及其系统方法论价值: 纪念EP奥德姆诞辰100周年. 系统科学学报, 22(2): 49-54.

张妍, 杨志峰. 2009. 一种分析城市代谢系统互动关系的方法. 环境科学学报, 29(1): 217-224.

张妍, 郑宏媚, 陆韩静. 2017. 城市生态网络分析研究进展. 生态学报, 37(12): 4258-4267.

张友国. 2010. 经济发展方式变化对中国碳排放强度的影响. 经济研究, 45(4): 120-133.

赵斌, 张江. 2015. 整体论与生态系统思想的发展. 科学技术哲学研究, 32(5): 15-20.

赵晶晶, 葛颜祥, 接玉梅. 2019. 基于CiteSpace中国生态补偿研究的知识图谱分析. 中国环境管理, 11(4): 79-85.

赵荣钦, 黄贤金. 2013. 城市系统碳循环: 特征、机理与理论框架. 生态学报, 33(2): 358-366.

赵荣钦, 黄贤金, 徐慧, 等. 2009. 城市系统碳循环与碳管理研究进展. 自然资源学报, 24(10): 1847-1859.

赵颜创, 赵小锋, 林剑艺, 等. 2016. 厦门市城市能源代谢综合分析方法及应用. 生态科学, 35(5): 110-116.

左建兵, 刘昌明, 郑红星. 2008. 北京市电力行业用水分析与节水对策. 给水排水, 6: 56-60.

AAAS. 2016. Rise of the city. Science, 352(6288): 906-907.

Aguilera J A, Aragón C, Campos J. 1992. Determination of carbon content in steel using laser-induced breakdown spectroscopy. Applied Spectroscopy, 46(9): 1382-1387.

Ahmadi A, Kerachian R, Rahimi R, et al. 2019. Comparing and combining social network analysis and stakeholder analysis for natural resource governance. Environmental Development, 32: 100451.

Alberti M. 2008. Advances in Urban Ecology: Integrating Humans and Ecological Processes in Urban Ecosystems. New York: Springer New York.

Angeliki P, Paulo M, Peter K. 2022. Life cycle thinking and machine learning for urban metabolism assessment and prediction. Sustainable Cities and Society, 80: 103754.

Apergis N, Payne J E. 2009. Energy consumption and economic growth: evidence from the commonwealth of independent states. Energy Economics, 31(5): 641-647.

Apergis, N, Payne, J E. 2010. The emissions, energy consumption, and growth nexus: evidence from the commonwealth of independent states. Energy Policy, 38(1): 650-655.

Aramaki T, Thuy N T T. 2010. Material flow analysis of nitrogen and phosphorus for regional nutrient management: case study in Haiphong, Vietnam. Berlin: Springer Netherlands.

Athanassiadis A, Christis M, Bouillard P, et al. 2018. Comparing a territorial-based and a consumption-based approach to assess the local and global environmental performance of cities. Journal of Cleaner Production, 173: 112-123.

Ayres R U, Ayres L W. 1998. Accounting for Resources 1: Economy-Wide Applications of Mass-Balance Principles to Materials and Waste. Cheltenham, Lyme: Edward Elgar.

Ayres R U, Kneese A V. 1969. Production, consumption and externalities. The American Economic Review, 59(3): 282-297.

Baccini, P, Brunner P H. 1991. Metabolism of the Anthroposphere. Berlin: Springer-Verlag.

Bagrow J P, Liu X, Mitchell L. 2019. Information flow reveals prediction limits in online social activity. Nature Human Behaviour, 3(2): 122-128.

Bai X. 2016. Eight energy and material flow characteristics of urban ecosystems. Ambio, 45(7): 819-830.

Bai X, Dawson R J, Ürge-Vorsatz D, et al. 2018. Six research priorities for cities and climate change. Nature, 555(7694): 23-25.

Baird D, Asmus H, Asmus R. 2012. Effect of invasive species on the structure and function of the Sylt-Rømø Bight ecosystem, northern Wadden Sea, over three time periods. Marine Ecology Progress Series, 462: 143-161.

Baland J M, Bardhan P, Bowles S. 2007. Inequality, Cooperation, and Environmental Sustainability. Princeton: Princeton University Press.

Barles S. 2007. Feeding the city: food consumption and flow of nitrogen, Paris, 1801-1914. Science of Total Environment, 375(1/2/3): 48-58.

Barles S. 2009. Urban metabolism of Paris and its region. Journal of Industrial Ecology, 13 (6): 898-913.

Barles S. 2010. Society, energy and materials: the contribution of urban metabolism studies to sustainable urban development issues. Journal of Environmental Planning and Management, 53(4): 439-455.

Barrett J, Vallack H, Jones A, et al. 2002. A material flow analysis and ecological footprint of York. Sweden: Stockholm Environment Institute.

Bazilian M, Rogner H, Howells M, et al. 2011. Considering the energy, water and food nexus: towards an integrated modelling approach. Energy Policy, 39(12): 7896-7906.

Beck M B, Walker R V. 2013. On water security, sustainability, and the water-food-energy-climate nexus. Frontiers of Environmental Science & Engineering, 7(5): 626-639.

Bergstrand J H. 1985. The gravity equation in international trade: some microeconomic foundations and empirical evidence. The Review of Economics and Statistics, 67(3): 474-481.

Bettencourt L, West G. 2010. A unified theory of urban living. Nature, 467(7318): 912-913.

Bodin Ö, Crona B I. 2009. The role of social networks in natural resource governance: what relational patterns make a difference?. Global Environmental Change, 19(3): 366-374.

Bodin Ö, Crona B, Ernstson H. 2006. Social networks in natural resource management: what is there to learn from a structural perspective?. Ecology and Society, 11(2): r2.

Bodini A. 2012. Building a systemic environmental monitoring and indicators for sustainability: what has the ecological network approach to offer?. Ecological Indicators, 15(1): 140-148.

Bodini A, Bondavalli C, Allesina S. 2012. Cities as ecosystems: growth, development and implications for sustainability. Ecological Modelling, 245: 185-198.

Bolin B. 1970. The carbon cycle. Sciencist American, 223(3): 47-56.

Borgatti S P. 2005. Centrality and network flow. Social Networks, 27(1):55-71.

Borrett S R. 2013. Throughflow centrality is a global indicator of the functional importance of species in ecosystems. Ecological Indicators, 32: 182-196.

Borrett S R, Lau M K. 2014. enaR: an R package for ecosystem network analysis. Methods in Ecology and Evolution, 5(11): 1206-1213.

Borrett S R, Osidele O O. 2007. Environ indicator sensitivity to flux uncertainty in a phosphorus model of Lake Sidney Lanier, USA. Ecological Modelling, 200(3/4): 371-383.

Borrett S R, Patten B C. 2003. Structure of pathways in ecological networks: relationships between length and number. Ecological Modelling, 170(2/3): 173-184.

Borrett S R, Sheble L, Moody J, et al. 2018. Bibliometric review of ecological network analysis: 2010-2016. Ecological Modelling, 382: 63-82.

Browne D, O'Regan B, Moles R. 2009. Assessment of total urban metabolism and metabolic inefficiency in an Irish city-region. Waste Management, 29(10): 2765-2771.

Brunner P H, Rechberger H. 2002. Anthropogenic metabolism and environmental legacies. Encyclopedia of Global Environmental Change, 3: 54-72.

Bu Y, Wang E, Bai J, et al. 2020. Spatial pattern and driving factors for interprovincial natural gas consumption in China: based on SNA and LMDI. Journal of Cleaner Production, 263: 121392.

Camacho D, Panizo-LLedot Á, Bello-Orgaz G, et al. 2020. The four dimensions of social network analysis: an overview of research methods, applications, and software tools. Information Fusion, 63: 88-120.

Camagni R, Capello R, Nijkamp P. 1998. Towards sustainable city policy: an economy-environment technology nexus. Ecological Economics, 24(1): 103-118.

Carrère C. 2006. Revisiting the effects of regional trade agreements on trade flows with proper specification of the gravity model. European Economic Review, 50(2): 223-247.

Casillas C E, Kammen D M. 2010. Environment and development. The energy-poverty-climate nexus. Science, 330(6008): 1181-1182.

Chan E H W, Choy L H T, Yung E H K. 2013. Current research on low-carbon cities and institutional responses. Habitat International, 37: 1-3.

Chavez A, Ramaswami A. 2013. Articulating a trans-boundary infrastructure supply chain greenhouse gas emission footprint for cities: mathematical relationships and policy relevance. Energy Policy, 54: 376-384.

Chen B, Chen S Q. 2013. Life cycle assessment of coupling household biogas production to agricultural industry: a case study of biogas-linked persimmon cultivation-processing system. Energy Policy, 62: 707-716.

Chen B, Chen S Q. 2015. Urban metabolism and nexus. Ecological Informatics, 26: 1-2.

Chen B, Lu Y. 2015. Urban nexus: a new paradigm for urban studies. Ecological Modelling, 318: 5-7.

Chen C M. 2006. CiteSpace II: detecting and emerging trends and transient patterns in scientific literature. Journal of the American Society for Information Science and Technology, 57(3): 359-377.

Chen J, Gao M, Cheng S, et al. 2020a. County-level CO_2 emissions and sequestration in China during 1997-2017. Scientific Data, 7(1): 391.

Chen P V, Alvarado V, Hsu S C. 2018. Water energy nexus in city and hinterlands: multi-regional physical input-output analysis for Hong Kong and South China. Apply Energy, 225 (2018): 986-997.

Chen S Q, Chen B. 2012. Network environ perspective for urban metabolism and carbon emissions: a case study of Vienna, Austria. Environmental Science & Technology, 46(8): 4498-4506.

Chen S Q, Chen B. 2014. Sustainable urban metabolism//Jorgensen S E. Encyclopedia of Environmental Management. Boca Raton: CRC Press: 1-9.

Chen S Q, Chen B. 2015. Urban energy consumption: different insights from energy flow analysis, input-output analysis and ecological network analysis. Applied Energy,138: 99-107.

Chen S Q, Chen B. 2016a. Tracking inter-regional carbon flows: a hybrid network model. Environmental Science & Technology, 50(9): 4731-4741.

Chen S Q, Chen B. 2016b. Urban energy-water nexus: a network perspective. Applied Energy, 184: 905-914.

Chen S Q, Chen B. 2017. Changing urban carbon metabolism over time: historical trajectory and future pathway. Environmental Science & Technology, 51(13): 7560-7571.

Chen S Q, Chen B, Feng K, et al. 2020b. Physical and virtual carbon metabolism of global cities. Nature Communications, 11(1): 182.

Chen S Q, Chen B, Su M. 2015. Nonzero-sum relationships in mitigating urban carbon emissions: a dynamic network simulation. Environmental Science & Technology, 49(19): 11594-11603.

Chen S Q, Liu Z, Chen B, et al. 2019a. Dynamic carbon emission linkages across boundaries. Earth's Future, 7(2): 197-209.

Chen S Q, Long H, Fath B D, et al. 2020c. Global urban carbon networks: linking inventory to modeling. Environmental Science & Technology, 54(9): 5790-5801.

Chen S Q, Tan Y, Liu Z. 2019b. Direct and embodied energy-water-carbon nexus at an inter-regional scale. Applied Energy, 251: 113401.

Cheng F, Huang Y, Yu H, et al. 2018. Mapping knowledge structure by keyword co-occurrence and social network analysis. Library Hi Tech, 36(4): 636-650.

Chester M, Pincetl S, Allenby B. 2012. Avoiding unintended tradeoffs by integrating life-cycle impact assessment with urban metabolism. Current Opinion in Environmental Sustainability, 4: 451-457.

Chhipi-Shrestha G, Hewage K, Sadiq R. 2017. Water-energy-carbon nexus modeling for urban water systems: system dynamics approach. Journal of Water Resources Planning and Management, 143(6): 04017016.

Chini C M, Stillwell A S. 2019. The metabolism of U.S. cities 2.0. Journal of Industrial Ecology, 23(6): 1353-1362.

Christian R R, Brinson M M, Dame J K, et al. 2009. Ecological network analyses and their use for establishing reference domain in functional assessment of an estuary. Ecological Modelling, 220(22): 3113-3122.

Chrysoulakis N, Lopes M, San José R. 2013. Sustainable urban metabolism as a link between bio-physical sciences and urban planning: the BRIDGE project. Landscape and Urban Planning, 112: 100-117.

Churchman C W. 1967. Wicked problems. Management Science, 14(4): B141-B142.

Churkina G. 2008. Modeling the carbon cycle of urban systems. Ecological Modelling, 216: 107-113.

Churkina G. 2012. Carbon cycle of urban ecosystems: carbon sequestration in urban ecosystems.

Berlin: Springer Netherlands.

Churkina G, Brown D G, Keloeian G. 2010. Carbon stored in human settlements: the conterminous United States. Global Change Biology, 16(1): 135-143.

City of Cape Town. 2007. The economic imperatives of environmental sustainability department of economic and human development.

Collins J P, Kinzig A, Grimm N B, et al. 2000. A new urban ecology modeling human communities as integral parts of ecosystems poses special problems for the development and testing of ecological theory. American Scientist, 88(5): 416-425.

Conke L S, Ferreira T L. 2015. Urban metabolism: measuring the city's contribution to sustainable development. Environmental Pollution, 202: 146-152.

Conway D, van Garderen E A, Deryng D, et al. 2015. Climate and southern Africa's water-energy-food nexus. Nature Climate Change, 5(9): 837-846.

Cooper D C, Sehlke G. 2012. Sustainability and energy development: influences of greenhouse gas emission reduction options on water use in energy production. Environmental Science & Technology, 46(6): 3509-3518.

Costanza R. 1992. Ecological Economics: the Science and Management of Sustainability. New York: Columbia University Press.

Creutzig F, Baiocchi G, Bierkandt R, et al. 2015. Global typology of urban energy use and potentials for an urbanization mitigation wedge. Proceedings of the National Academy of Sciences of the United States of America, 112(20): 6283-6288.

Crona B, Bodin Ö. 2006. What you know is who you know? Communication patterns among resource users as a prerequisite for co-management. Ecology and Society, 11(2): 7.

DAFF. 2008. Australian state of the forests report: five yearly report 2008. Canberra: DAFF.

Davis S J, Caldeira K. 2010. Consumption-based accounting of CO_2 emissions. Proceedings of the National Academy of Sciences of the United States of America, 107(12): 5687-5692.

DeNooyer T A, Peschel J M, Zhang Z, et al. 2016. Integrating water resources and power generation: the energy-water nexus in Illinois. Applied Energy, 162: 363-371.

Dias A C, Lemos D, Gabarrell X, et al. 2014. Environmentally extended input-output analysis on a city scale - application to Aveiro (Portugal). Journal of Cleaner Production, 75: 118-129.

Dijst M, Worrell E, Böcker L, et al. 2018. Exploring urban metabolism—towards an interdisciplinary perspective. Resources, Conservation and Recycling, 132: 190-203.

Duan H, Zhou S, Jiang K, et al. 2021. Assessing China's efforts to pursue the 1.5°C warming limit. Science, 372(6540): 378-385.

Elías-Maxil J A, van der Hoek J P, Hofman J, et al. 2014. Energy in the urban water cycle: actions to reduce the total expenditure of fossil fuels with emphasis on heat reclamation from urban water. Renewable and Sustainable Energy Reviews, 30: 808-820.

Falkowski P, Scholes R J, Boyle E, et al. 2000. The global carbon cycle: a test of our knowledge of earth as a system. Science, 290(5490):291-296.

Fang D, Chen B. 2015. Ecological network analysis for a virtual water network. Environmental Science & Technology, 49(11): 6722-6730.

Fang D, Chen B. 2019. Information-based ecological network analysis for carbon emissions. Applied Energy, 238: 45-53.

Fang K, Tang Y, Zhang Q, et al. 2019. Will China peak its energy-related carbon emissions by 2030? Lessons from 30 Chinese provinces. Applied Energy, 255: 113852.

Fann S L, Borrett S R. 2012. Environ centrality reveals the tendency of indirect effects to homogenize the functional importance of species in ecosystems. Journal of Theoretical Biology, 294: 74-86.

Fath B D. 2004a. Distributed control in ecological networks. Ecological Modelling, 179(2):

235-245.

Fath B D. 2004b. Network analysis applied to large-scale cyber-ecosystems. Ecological Modelling, 171 (4): 329-337.

Fath B D. 2014. Sustainable systems promote wholeness-extending transformations: the contributions of systems thinking. Ecological Modelling, 293: 42-48.

Fath B D. 2015. Quantifying economic and ecological sustainability. Ocean & Coastal Management, 108: 13-19.

Fath B D, Borrett S R. 2006. A MATLAB® function for network environ analysis. Environmental Modelling & Software, 21(3): 375-405.

Fath B D, Patten B C. 1998. Network synergism: emergence of positive relations in ecological systems. Ecological Modelling, 107(2/3): 127-143.

Fath B D, Patten B C. 1999. Review of the foundations of network environ analysis. Ecosystems, 2(2): 167-179.

Fath B D, Patten B C, Choi J S. 2001. Complementarity of ecological goal functions. Journal of Theoretical Biology, 208(4): 493-506.

Fath B D, Scharler U M, Baird D. 2013. Dependence of network metrics on model aggregation and throughflow calculations: demonstration using the Sylt-Rømø bight ecosystem. Ecological Modelling, 252: 214-219.

Fath B D, Scharler U M, Ulanowicz R E, et al. 2007. Ecological network analysis: network construction. Ecological Modelling, 208(1): 49-55.

Feng K, Davis S J, Sun L, et al. 2013. Outsourcing CO_2 within China. Proceedings of the National Academy of Sciences of the United States of America, 110(28): 11654-11659.

Feng K, Davis S J, Sun L, et al. 2015. Drivers of the US CO_2 emissions 1997-2013. Nature communications, 6: 7714.

Feng K, Hubacek K, Pfister S, et al. 2014a. Virtual scarce water in China. Environmental Science & Technology, 48(14): 7704-7713.

Feng K, Hubacek K, Siu Y L, et al. 2014b. The energy and water nexus in Chinese electricity production: a hybrid life cycle analysis. Renewable and Sustainable Energy Reviews, 39: 342-355.

Feng K, Hubacek K, Sun L, et al. 2014c. Consumption-based CO_2 accounting of China's megacities: the case of Beijing, Tianjin, Shanghai and Chongqing. Ecological Indicators, 47: 26-31.

Feng Y Y, Chen S Q, Zhang L X. 2013. System dynamics modeling for urban energy consumption and CO_2 emissions: a case study of Beijing, China. Ecological Modelling, 252: 44-52.

Ferrão P, Fernandez J. 2013. Sustainable urban metabolism. Cambridge: MIT Press.

Finn J T. 1976. Measures of ecosystem structure and function derived from analysis of flows. Journal of Theoretical Biology, 56(2): 363-380.

Fischer-Kowalski M. 1998. Society's metabolism: the intellectual history of materials flow analysis, Part I, 1860-1970. Journal of Industrial Ecology, 2:61-78.

Fliervoet J M, Geerling G W, Mostert E, et al. 2016. Analyzing collaborative governance through social network analysis: a case study of river management along the Waal River in the Netherlands. Environmental Management, 57(2): 355-367.

Forkes J. 2007. Nitrogen balance for the urban food metabolism of Toronto, Canada. Resources, Conservation and Recycling, 52: 74-94.

Foster J B. 2000. Marx's ecology: materialism and nature. New York: Monthly Review Press.

Freeman L C. 1978. Centrality in social networks conceptual clarification. Social Networks, 1(3): 215-239.

Freeman L C. 2004. The Development of Social Network Analysis: A Study in the Sociology of

Science. Vancouver: Empirical Press.

Fujimori S, Matsuoka Y. 2007. Development of estimating method of global carbon, nitrogen, and phosphorus flows caused by human activity. Ecological Economics, 62(3/4): 399-418.

Fulton J, Cooley H. 2015. The water footprint of California's energy system, 1990-2012. Environmental Science & Technology, 49(6): 3314-3321.

Gamba P, Herold M. 2009. Global Mapping of Human Settlement: Experiences, Datasets and Prospect. Boca Raton: CRC Press.

Gattie D K, Schramski J R, Bata S A. 2006. Analysis of microdynamic environ flows in an ecological network. Ecological Engineering, 28(3): 187-204.

Georgescu-Roegen N. 1971. The Entropy Law and the Economic Process. London: Harvard University Press.

Giampietro M, Aspinall R J, Ramos-Martin J. 2014. Resource accounting for sustainability assessment//Giampitro M, Aspinall R J, Ramos-Martin J, et al. Resource Accounting for Sustainability Assessment. London: Routledge: 236-242.

Gleick P H. 1994. Water and energy. Annual Review of Energy and the Environment, 19(1): 267-299.

Goldstein B, Birkved M, Quitzau M B, et al. 2013. Quantification of urban metabolism through coupling with the life cycle assessment framework: concept development and case study. Environmental Research Letters, 8(3): 035024.

González-García S, Caamaño M R, Moreira M T, et al. 2021. Environmental profile of the municipality of madrid through the methodologies of urban metabolism and life cycle analysis. Sustainable Cities and Society, 64: 102546.

Goodland R, Daly H. 1996. Environmental sustainability: universal and non-negotiable. Ecological Applications, 6(4): 1002-1017.

Govada S S, Rodgers T. 2019. Towards smarter regional development of Hong Kong within the Greater Bay Area//Kumar T M V. Smart Metropolitan Regional Development. Singapore: Springer: 101-171.

Grimm N B, Faeth S H, Golubiewski N E, et al. 2008. Global change and the ecology of cities. Science, 319(5864): 756-760.

Grimm N B, Grove J G, Pickett S T A, et al. 2000. Integrated approaches to long-term studies of urban ecological systems-Urban ecological systems present multiple challenges to ecologists—pervasive human impact and extreme heterogeneity of cities, and the need to integrate social and ecological approaches, concepts, and theory. BioScience, 50(7): 571-584.

Groce J E, Farrelly M A, Jorgensen B S, et al. 2019. Using social-network research to improve outcomes in natural resource management. Conservation Biology, 33(1): 53-65.

Grubler A, Bai X, Buettner T, et al. 2012. Urban Energy Systems: Global Energy Assessment. London: Cambridge University Press.

Guan D, Su X, Zhang Q, et al. 2014. The socioeconomic drivers of China's primary PM2.5 emissions. Environmental Research Letters, 9(2): 024010.

Guan Y R, Huang G H, Liu L R, et al. 2019. Ecological network analysis for an industrial solid waste metabolism system. Environmental Pollution, 244: 279-287.

Guo R, Zhu X, Chen B, et al. 2016. Ecological network analysis of the virtual water network within China's electric power system during 2007-2012. Applied Energy, 168: 110-121.

Haberl H, Fischer-Kowalski M, Krausmann F, et al. 2011. A socio-metabolic transition towards sustainability? Challenges for another great transformation. Sustainable Development, 19(1): 1-14.

Haberl H, Wiedenhofer D, Pauliuk S, et al. 2019. Contributions of sociometabolic research to sustainability science. Nature Sustainability, 2(3): 173-184.

Han W, Geng Y, Lu Y, et al. 2018. Urban metabolism of megacities: a comparative analysis of Shanghai, Tokyo, London and Paris to inform low carbon and sustainable development pathways. Energy, 155: 887-898.

Hanasaki N, Inuzuka T, Kanae S, et al. 2010. An estimation of global virtual water flow and sources of water withdrawal for major crops and livestock products using a global hydrological model. Journal of Hydrology, 384(3/4): 232-244.

Hannon B. 1973. The structure of ecosystems. Journal of Theoretical Biology, 41(3): 535-546.

Hao Y, Su M, Zhang L, et al. 2015. Integrated accounting of urban carbon cycle in Guangyuan, a mountainous city of China: the impacts of earthquake and reconstruction. Journal of Cleaner Production, 103: 231-240.

Hau J L, Bakshi B R. 2004. Promise and problems of emergy analysis. Ecological Modelling, 178(1): 215-225.

Hightower M, Pierce S A. 2008. The energy challenge. Nature, 452(7185): 285-286.

Hines D E, Singh P, Borrett S R. 2016. Evaluating control of nutrient flow in an estuarine nitrogen cycle through comparative network analysis. Ecological Engineering, 89: 70-79.

Hoekman P, von Blottnitz H. 2017. Cape town's metabolism: insights from a material flow analysis. Journal of Industrial Ecology, 21: 1237-1249.

Huang J, Ulanowicz R E. 2014. Ecological network analysis for economic systems: growth and development and implications for sustainable development. PLoS ONE, 9(6): e100923.

Huang S L. 1998. Urban ecosystems, energetic hierarchies, and ecological economics of Taipei metropolis. Environment Management, 52: 39-51.

Huang S L, Chen C W. 2005. Theory of urban energetics and mechanisms of urban development. Ecological Model, 189: 49-71.

Huang S, Hsu W. 2003. Materials flow analysis and emergy evaluation of Taipei's urban construction. Landscape and Urban Planning, 63: 61-74.

Hussey K, Pittock J. 2012. The energy-water nexus: managing the links between energy and water for a sustainable future. Ecology and Society, 17(1): 31.

ICLEI, WRI, C40. 2014. Global protocol for community-scale GHG emissions. http://www.iclei.org/activities/agendas/low-carbon-city/gpc.html[2022-10-24].

IEA. 2008. World Energy Outlook. Paris: IEA.

IEA. 2012. World Energy Outlook. Paris: IEA.

IEA. 2017.World Energy Outlook. Paris: IEA.

IPCC. 1997. Revised 1996 guidelines for national greenhouse gas inventories. http://www.ipcc-nggip.iges.or.jp/public/gl/invs1.html[2022-10-24].

IPCC. 2006. 2006 IPCC guidelines for national greenhouse gas inventories.https://www.ipcc.ch/report/2006-ipcc-guidelines-for-national-greenhouse-gas-inventories/[2022-10-24].

ISO. 2006. Environmental management: life cycle assessment: priciples and framework: ISO 14040. Geneva: ISO.

Jiang M M, Zhou J B, Chen B, et al. 2009. Ecological evaluation of Beijing economy based on emergy indices. Communications in Nonlinear Science and Numerical Simulation, 14 (5): 2482-2494.

Kabisch N, Frantzeskaki N, Pauleit S, et al. 2016. Nature-based solutions to climate change mitigation and adaptation in urban areas: perspectives on indicators, knowledge gaps, barriers, and opportunities for action. Ecology and Society, 21(2): 39.

Kahrl F, Roland-Holst D. 2008. China's water-energy nexus. Water Policy, 10(S1): 51-65.

Kaufman S, Krishnan N, Kwon E. 2008. Examination of the fate of carbon in waste management systems through statistical entropy and life cycle analysis. Environment Science Technology, 42: 8558-8563.

Kazancı C. 2007. EcoNet: a new software for ecological modeling, simulation and network analysis. Ecological Modelling, 208(1): 3-8.

Keeler B L, Hamel P, McPhearson T, et al. 2019. Social-ecological and technological factors moderate the value of urban nature. Nature Sustainability, 2(1): 29-38.

Kennedy C, Cuddihy J, Engel-Yan J. 2007. The changing metabolism of cities. Journal of Industrial Ecology, 11(2): 43-59.

Kennedy C, Pincetl S, Bunje P. 2011. The study of urban metabolism and its applications to urban planning and design. Environmental Pollution, 159(8/9): 1965-1973.

Kennedy C, Steinberger J, Gasson B, et al. 2009. Greenhouse gas emissions from global cities. Environmental Science & Technology, 43(19): 7297-7302.

Kennedy C, Steinberger J, Gasson B, et al. 2010. Methodology for inventorying greenhouse gas emissions from global cities. Energy Policy, 38: 4828-4837.

Kennedy C A, Ibrahim N, Hoornweg D. 2014. Low-carbon infrastructure strategies for cities. Nature Climate Change, 4(5): 343-346.

Kennedy C A, Stewart I, Facchini A, et al. 2015. Energy and material flows of megacities. Proceedings of the National Academy of Sciences of the United States of America, 112(19): 5985-5990.

Kenway S J, Lant P A, Priestley A, et al. 2011. The connection between water and energy in cities: a review. Water Science Technology, 9: 1983-1990.

Kharrazi A, Akiyama T, Yu Y, et al. 2016. Evaluating the evolution of the Heihe River basin using the ecological network analysis: efficiency, resilience, and implications for water resource management policy. Science of the Total Environment, 572: 688-696.

Kharrazi A, Rovenskaya E, Fath B D, et al. 2013. Quantifying the sustainability of economic resource networks: an ecological information-based approach. Ecological Economics, 90: 177-186.

Kissinger M, Stossel Z. 2019. Towards an interspatial urban metabolism analysis in an interconnected world. Ecological Indicators, 101: 1077-1085.

Kissinger M, Stossel Z. 2021. An integrated, multi-scale approach for modelling urban metabolism changes as a means for assessing urban sustainability. Sustainable Cities and Society, 67: 102695.

Kneese A V, Ayres R U, Arge R C D. 1974. Economics and the environment: a materials balance approach. Morristown: General Learning Press.

Krajnc D, Glavic P. 2005. A model for integrated assessment of sustainable development. Resources Conservation & Recycling, 43: 189-208.

Lamlom S H, Savidge R A. 2003. A reassessment of carbon content in wood: variation within and between 41 North American species. Biomass and Bioenergy, 25(4): 381-388.

Lauk C, Haberl H, Erb K, et al. 2012. Global socioeconomic carbon stocks in long-lived products 1900-2008. Environmental Research Letters, 7(3): 34023.

Lawrence A B, Diane H, Xu Y, et al. 2001. Nitrogen balance for the Central Arizona-Phoenix (CAP) ecosystem. Ecosystems, 4: 582-602.

Layton A, Bras B, Weissburg M. 2016. Designing industrial networks using ecological food web metrics. Environmental Science & Technology, 50(20): 11243-11252.

Lee M, Keller A A, Chiang P, et al. 2017. Water-energy nexus for urban water systems: a comparative review on energy intensity and environmental impacts in relation to global water risks. Applied Energy, 205: 589-601.

Lei K, Liu L, Lou I. 2018. An evaluation of the urban metabolism of Macao from 2003 to 2013. Resources, Conservation and Recycling, 128: 479-488.

Lenzen M. 1998. Primary energy and greenhouse gases embodied in Australian final consumption: an input-output analysis. Energy Policy, 26(6): 495-506.

Leonardo R, Yuliya K, João P. 2016. Urban metabolism profiles: an empirical analysis of the material flow characteristics of three metropolitan areas in Sweden. Journal of Cleaner Production, 126: 206-217.

Leontief W W. 1936. Quantitative input and output relations in the economic systems of the United States. The Review of Economics and Statistics, 18(3): 105.

Leontief W W. 1951. The structure of American Economy, 1919-1939: An Empirical Application of Equilibrium Analysis. Oxford: Oxford University Press.

Levin I, Karstens U. 2007a. Inferring high-resolution fossil fuel CO_2 records at continental sites from combined 14CO$_2$ and CO observations. Tellus, 59B: 245-250.

Levin I, Karstens U. 2007b. Quantifying fossil fuel CO_2 over Europe//Dolman H, Freibauer A, Valentini E, et al. Observing the Continental Scale Greenhouse Gas Balance of Europe. Heidelberg: Springer−Verlag.

Li Y, Shen J, Xia C, et al. 2021. The impact of urban scale on carbon metabolism: a case study of Hangzhou, China. Journal of Cleaner Production, 292: 126055.

Liang M S, Huang G H, Chen J P, et al. 2022. Energy-water-carbon nexus system planning: a case study of Yangtze River Delta urban agglomeration, China. Applied Energy, 308: 118144.

Liang S, Liu Z, Crawford-Brown D, et al. 2014. Decoupling analysis and socioeconomic drivers of environmental pressure in China. Environmental Science & Technology, 48(2): 1103-1113.

Liang S, Wang C, Zhang T. 2010. An improved input-output model for energy analysis: a case study of Suzhou. Ecological Economics, 69(9): 1805-1813.

Liang S, Yu Y, Kharrazi A, et al. 2020. Network resilience of phosphorus cycling in China has shifted by natural flows, fertilizer use and dietary transitions between 1600 and 2012. Nature Food, 1(6): 365-375.

Liang S, Zhang T. 2012. Comparing urban solid waste recycling from the viewpoint of urban metabolism based on physical input-output model: a case of Suzhou in China. Waste Management, 32(1): 220-225.

Lin J, Hu Y, Cui S, et al. 2015. Tracking urban carbon footprints from production and consumption perspectives. Environmental Research Letters, 10(5): 54001.

Liu G, Yang Z, Chen B. 2010. Extended exergy-based urban ecosystem network analysis: a case study of Beijing, China. Procedia Environmental Sciences, 2: 243-251.

Liu G Y, Yang Z F, Chen B, et al. 2011. Ecological network determination of sectoral linkages, utility relations and structural characteristics on urban ecological economic system. Ecological Modelling, 222(15): 2825-2834.

Liu Z, Davis S J, Feng K, et al. 2016. Targeted opportunities to address the climate-trade dilemma in China. Nature Climate Change, 6(2): 201-206.

Liu Z, Feng K, Hubacek K, et al. 2015. Four system boundaries for carbon accounts. Ecological Modelling, 318: 118-125.

Loizia P, Voukkali I, Zorpas A A, et al. 2021. Measuring the level of environmental performance in insular areas, through key performed indicators, in the framework of waste strategy development. Science of the Total Environment, 753: 141974.

Long Y, Yoshida Y, Fang K, et al. 2019. City-level household carbon footprint from purchaser point of view by a modified input-output model. Applied Energy, 236: 379-387.

Lotka A. 1956. Elements of Mathematical Biology. New York: Dover Publication.

Lu W, Su M, Zhang Y, et al. 2014. Assessment of energy security in China based on ecological network analysis: a perspective from the security of crude oil supply. Energy Policy, 74: 406-413.

Lu Y, Chen B, Feng K, et al. 2015. Ecological network analysis for carbon metabolism of eco-industrial Parks: a case study of a typical eco-industrial park in Beijing. Environmental

Science & Technology, 49(12): 7254-7264.

Lu Y, Geng Y, Qian Y, et al. 2016. Changes of human time and land use pattern in one mega city's urban metabolism: a multi-scale integrated analysis of Shanghai. Journal of Cleaner Production, 133: 391-401.

Lubega W N, Farid A M. 2014. Quantitative engineering systems modeling and analysis of the energy-water nexus. Applied Energy, 135: 142-157.

Lundin M, Morrison G M. 2002. A life cycle assessment based procedure for development of environmental sustainability indicators for urban water systems. Urban Water, 4(2): 145-152.

Luo Y, Keenan T F, Smith M. 2015. Predictability of the terrestrial carbon cycle. Global Change Biology, 21(5): 1737-1751.

Madlener R, Sunak Y. 2011. Impacts of urbanization on urban structures and energy demand: what can we learn for urban energy planning and urbanization management? . Sustainable Cities and Society, 1(1): 45-53.

Madrid-López C, Giampietro M. 2015. The water metabolism of socio-ecological systems: reflections and a conceptual framework. Journal of Industrial Ecology, 19(5): 853-865.

Mao X, Yang Z. 2012. Ecological network analysis for virtual water trade system: a case study for the Baiyangdian Basin in Northern China. Ecological Informatics, 10: 17-24.

Marx K. 1859. Preface to a contribution to the critique of political economy. The Marx-Engels Reader, 2: 3-6.

Marx K. 1867. Das Kapital, vol. I. Hamburg: O. Meissner.

Marx K. 1894. Das Kapital, vol. III. Berlin: Dietz.

Masson D V, Zhai P, Pirani A, et al. 2021. Climate Change 2021: the Physical Science Basis. Contribution of Working Group I to the Sixth Assessment Report of the Intergovernmental Panel on Climate Change. London: Cambridge University Press.

McDonnell M J, MacGregor-Fors I. 2016. The ecological future of cities. Science, 352(6288): 936-938.

Meldrum J, Nettles-Anderson S, Heath G, et al. 2013. Life cycle water use for electricity generation: a review and harmonization of literature estimates. Environmental Research Letters, 8(1): 15031.

Meng F X, Liu G, Chang Y, et al. 2019. Quantification of urban water-carbon nexus using disaggregated input-output model: a case study in Beijing (China). Energy, 171:403-418.

Mi Z F, Zhang Y, Guan D, et al. 2016. Consumption-based emission accounting for Chinese cities. Applied Energy, 184: 1073-1081.

Miller R, Blair P. 1985. Input-output analysis: foundations and extensions. Englewood Cliffs: Prentice-Hall.

Minx J, Baiocchi G, Wiedmann T, et al. 2013. Carbon footprints of cities and other human settlements in the UK. Environmental Research Letters, 8(3): 35039.

Minx J C, Wiedmann T, Wood R, et al. 2009. Input-output analysis and carbon footprinting: an overview of applications. Economic Systems Research, 21(3): 187-216.

Mo W, Wang R, Zimmerman J B. 2014. Energy-water nexus analysis of enhanced water supply scenarios: a regional comparison of Tampa Bay, Florida, and San Diego, California.

Moreno J L. 1945. Ideas and plans for the development of a sociometric society. Sociometry, 8(1): 103-107.

Moreno J L. 1947. Contributions of sociometry to research methodology in sociology. American Sociological Review, 12(3): 287.

Moriarty D, Barclay M C. 1981. Carbon and nitrogen content of food and the assimilation efficiencies of penaeid prawns in the Gulf of Carpentaria. Marine and Freshwater Research,

32(2): 245.

Mukherjee J, Scharler U M, Fath B D, et al. 2015. Measuring sensitivity of robustness and network indices for an estuarine food web model under perturbations. Ecological Modelling, 306: 160-173.

Ness B, Urbel-Piirsalu E, Anderberg S, et al. 2007. Categorising tools FOS sustainability assessment. Ecology Economic, 60: 498-508.

Newman P W G. 1999. Sustainability and cities: extending the metabolism model. Landscape and Urban Planning, 44: 219-226.

Ngo N S, Pataki D E. 2008. The energy and mass balance of Los Angeles county. Urban Ecosystem, 11: 121-139.

Niza S, Rosado L, Ferrão P. 2009. Urban metabolism: methodological advances in urban material flow accounting based on the Lisbon case study. Journal of Industrial Ecology, 13(3): 384-405.

O'Meara M. 1999. Reinventing cities for people and the planet, vol. 147. Worldwatch: Washington.

Obernosterer R, Brunner P H, Daxbeck H, et al. 1998. Urban metabolism the city of Vienna. Materials accounting as a tool for decision-making in environmental policy. 4th European Commission Programme for Environment and Climate. Institute of Water Quality and Waste Management. Vienna University of Technology, Vienna.

Odum E P. 1968. Energy flow in ecosystems: a historical review. American Zoologist, 8(1): 11-18.

Odum E P. 1992. Great ideas in ecology for the 1990s. BioScience, 42(7): 542-545.

OECD. 2008. Energy Policies of IEA Countries: Japan 2008: Energy Policies of IEA Countries. Paris: OECD.

Ohno H, Sato H, Fukushima Y. 2018. Configuration of materially retained carbon in our society: a WIO-MFA-based approach for Japan. Environmental Science & Technology, 52(7): 3899-3907.

Palme M, Salvati A. 2020. Sustainability and urban metabolism. Sustainability, 12(1): 353.

Pataki D E, Alig R J, Fung A S, et al. 2006. Urban ecosystems and the North American carbon cycle. Global Change Biology, 12(11): 2092-2102.

Pataki D E, Tyler B J, Peterson R E, et al. 2005. Can carbon dioxide be used as a tracer of urban atmospheric transport? . Journal of Geophysical Research: Atmospheres, 110(D15): D15102.

Patten B C. 1978. Systems approach to the concept of environment. The Ohio Journal of Science, 78(4): 206-222.

Patten B C. 1981. Environs: the superniches of ecosystems. American Zoologist, 21(4): 845-852.

Patten B C. 1982. Environs: relativistic elementary particles for ecology. The American Naturalist, 119(2): 179-219.

Patten B C, Odum E P. 1981. The cybernetic nature of ecosystems. The American Naturalist, 118(6): 886-895.

Peters G P, Davis S J, Andrew R. 2012. A synthesis of carbon in international trade. Biogeosciences, 9(8): 3247-3276.

Phdungsilp A. 2006. Energy analysis for sustainable mega-cities. Stockholm: KTH.

Pickett S T A, Cadenassob M L, Grovec J M, et al. 2001. Urban ecological systems: linking terrestrial ecological, physical, and socioeconomic components of metropolitan areas. Annual Review of Ecology and Systematics, 32: 127-157.

Pickett S T A, Cadenassob M L, Grovec J M, et al. 2011. Urban ecological systems: scientific foundations and a decade of progress. Environment Management, 92(3): 331-362.

Piña W H A, Martínez C I P. 2013. Urban material flow analysis: an approach for Bogotá, Colombia. Ecology Indicator, 42: 32-42.

Pincetl S, Bunje P, Holmes T. 2012. An expanded urban metabolism method: toward a systems approach for assessing urban energy processes and causes. Landscape and Urban Planning, 107(3): 193-202.

Pizzol M, Scotti M, Thomsen M. 2013. Network analysis as a tool for assessing environmental sustainability: applying the ecosystem perspective to a Danish water management system. Journal of Environmental Management, 118: 21-31.

Plappally A K, Lienhard V J H. 2012. Energy requirements for water production, treatment, end use, reclamation, and disposal. Renewable and Sustainable Energy Reviews, 16(7): 4818-4848.

Pouyat R, Groffman P, Yesilonis I, et al. 2002. Soil carbon pools and fluxes in urban ecosystems. Environment Pollution, 116: S107-S118.

Price L, Zhou N, Fridley D, et al. 2013. Development of a low-carbon indicator system for China. Habitat International, 37: 4-21.

Qi W, Deng X, Chu X, et al. 2017. Emergy analysis on urban metabolism by counties in Beijing. Physics and Chemistry of the Earth, 101: 157-165.

Qin Y, Höglund-Isaksson L, Byers E, et al. 2018. Air quality-carbon-water synergies and trade-offs in China's natural gas industry. Nature Sustainability, 1(9): 505-511.

Radcliffe-Brown A R. 1947. Australian social organization. American Anthropologist, 49(1): 151-154.

Radcliffe-Brown A R. 1956. On Australian local organization. American Anthropologist, 58(2): 363-367.

Rakshit N, Banerjee A, Mukherjee J, et al. 2017. Comparative study of food webs from two different time periods of Hooghly Matla estuarine system, India through network analysis. Ecological Modelling, 356: 25-37.

Ramaswami A, Boyer D, Nagpure A S, et al. 2017a. An urban systems framework to assess the trans-boundary food-energy-water nexus: implementation in Delhi, India. Environmental Research Letters, 12(2): 25008.

Ramaswami A, Chavez A. 2013. What metrics best reflect the energy and carbon intensity of cities? Insights from theory and modeling of 20 US cities. Environmental Research Letters, 8(3): 35011.

Ramaswami A, Hillman T, Janson B, et al. 2008. A demand-centered, hybrid life-cycle methodology for city-scale greenhouse gas inventories. Environmental Science & Technology, 42(17): 6455-6461.

Ramaswami A, Tong K, Fang A, et al. 2017b. Urban cross-sector actions for carbon mitigation with local health co-benefits in China. Nature Climate Change, 7(10): 736-742.

Ramos-Martin J, Giampietro M, Mayumi K. 2007. On China's exosomatic energy metabolism: an application of multi-scale integrated analysis of societal metabolism (MSIASM). Ecological Economics, 63(1): 174-191.

Reckien D, Creutzig F, Fernandez B, et al. 2017. Climate change, equity and the sustainable development goals: an urban perspective. Environment and Urbanization, 29(1): 159-182.

Richey J E, Wissmar R C, Devol A H, et al. 1978. Carbon flow in four lake ecosystems: a structural approach. Science, 202(4373): 1183-1186.

Rio Carrillo A M, Frei C. 2009. Water: a key resource in energy production. Energy Policy, 37(11): 4303-4312.

Rittel H W J, Webber M M. 1973. Dilemmas in a general theory of planning. Policy Sciences, 4: 155-169.

Sahely H R, Dudding S, Kennedy C A. 2003. Estimating the urban metabolism of Canadian cities: greater Toronto area case study. Canadian Journal of Civil Engineering, 3: 468-483.

Salas A K, Borrett S R. 2011. Evidence for the dominance of indirect effects in 50 trophic ecosystem networks. Ecological Modelling, 222(5): 1192-1204.

Sayles J S, Baggio J A. 2017. Social-ecological network analysis of scale mismatches in estuary watershed restoration. Proceedings of the National Academy of Sciences, 114(10): E1776-E1785.

Sayles J S, Mancilla Garcia M, Hamilton M, et al. 2019. Social-ecological network analysis for sustainability sciences: a systematic review and innovative research agenda for the future. Environmental Research Letters, 14(9): 93003.

Schaubroeck T, Staelens J, Verheyen K, et al. 2012. Improved ecological network analysis for environmental sustainability assessment: a case study on a forest ecosystem. Ecological Modelling, 247: 144-156.

Schramski J R, Dell A I, Grady J M, et al. 2015. Metabolic theory predicts whole-ecosystem properties. Proceedings of the National Academy of Sciences of the United States of America, 112(8): 2617-2622.

Schramski J R, Gattie D K, Patten B C, et al. 2006. Indirect effects and distributed control in ecosystems: distributed control in the environ networks of a seven-compartment model of nitrogen flow in the Neuse River Estuary, USA-steady-state analysis. Ecological Modelling, 194 (1): 189-201.

Schramski J R, Gattie D K, Patten B C, et al. 2007. Indirect effects and distributed control in ecosystems: distributed control in the environ networks of a seven-compartment model of nitrogen flow in the Neuse River Estuary, USA—time series analysis. Ecological Modelling, 206(1/2): 18-30.

Schramski J R, Kazanci C, Tollner E W. 2011. Network environ theory, simulation, and EcoNet® 2.0. Environmental Modelling & Software, 26(4): 419-428.

Schulz N B. 2002. The direct material inputs into Singapore's development. Journal of Industrial Ecology, 11: 117-131.

Scott C A, Pierce S A, Pasqualetti M J, et al. 2011. Policy and institutional dimensions of the water-energy nexus. Energy Policy, 39(10): 6622-6630.

Seto K, Dhakal S, Bigio A, et al. 2014. Human settlements, infrastructure and spatial planning. London: Cambridge University Press.

Seto K C, Güneralp B, Hutyra L R. 2012. Global forecasts of urban expansion to 2030 and direct impacts on biodiversity and carbon pools. Proceedings of the National Academy of Sciences of the United States of America, 109(40): 16083-16088.

Shaikh F, Ji Q, Fan Y. 2016. Evaluating China's natural gas supply security based on ecological network analysis. Journal of Cleaner Production, 139: 1196-1206.

Shao L, Chen G Q. 2013a. Water footprint assessment for wastewater treatment: method, indicator, and application. Environmental Science & Technology, 47(14): 7787-7794.

Shao L, Chen G Q. 2015. Exergy based renewability assessment: case study to ecological wastewater treatment. Ecological Indicators, 58: 392-401.

Shao L, Chen G Q. 2016. Embodied water accounting and renewability assessment for ecological wastewater treatment. Journal of Cleaner Production, 112: 4628-4635.

Shao L, Wu Z, Zeng L, et al. 2013b. Embodied energy assessment for ecological wastewater treatment by a constructed wetland. Ecological Modelling, 252: 63-71.

Shi Z, Duan H, Zhang L, et al. 2021. Ecological network analysis of the energy metabolic system under the revitalizing process: insight from the case of jilin province, China. Journal of Cleaner Production, 326: 129356.

Shigetomi Y, Ohno H, Chapman A, et al. 2019. Clarifying demographic impacts on embodied and materially retained carbon toward climate change mitigation. Environmental Science &

Technology, 53(24): 14123-14133.

Siddiqi A, Anadon L D. 2011. The water-energy nexus in Middle East and North Africa. Energy Policy, 39(8): 4529-4540.

Sima L C, Kelner-Levine E, Eckelman M J, et al. 2013. Water flows, energy demand, and market analysis of the informal water sector in Kisumu, Kenya. Ecological Economics, 87: 137-144.

Simmel G.1950. The sociology of Georg Simmel (Translated by Wolff K H). Glencoe: Free Press.

Singh R K, Murty H R, Gupta S K, et al. 2009. An overview of sustainability assessment methodologies. Ecological Indicators, 9: 189-212.

Singh S, Kennedy C. 2018. The nexus of carbon, nitrogen, and biodiversity impacts from urban metabolism. Journal of Industrial Ecology, 22(4): 853-867.

Smythe T C, Thompson R, Garcia-Quijano C. 2014. The inner workings of collaboration in marine ecosystem-based management: a social network analysis approach. Marine Policy, 50: 117-125.

Sovacool B K, Brown M A. 2010. Twelve metropolitan carbon footprints: a preliminary comparative global assessment. Energy Policy, 38(9): 4856-4869.

Stanners D, Bourdeau P. 1995. Europe's Environment: The Dobrís Assessment. Copenhagen: European Environment Agency.

Stark F, Fanchone A, Semjen I, et al. 2016. Crop-livestock integration, from single practice to global functioning in the tropics: case studies in Guadeloupe. European Journal of Agronomy, 80: 9-20.

Stillwell A S, King C W, Webber M E, et al. 2011. The energy-water nexus in Texas. Ecology and Society, 16(1): 2.

Stimson R J, Western J, Mullins P, et al. 1999. Urban metabolism as a framework for investigating quality of life and sustainable development in the Brisbane-Southeast Queensland Metro region. Singapore: School of Building and Real Estate, National University of Singapore.

Stockmann K D, Anderson N M, Skog K E, et al. 2012. Estimates of carbon stored in harvested wood products from the United States forest service northern region, 1906-2010. Carbon Balance and Management, 7(1): 1.

Stokes J R, Horvath A. 2009. Energy and air emission effects of water supply. Environmental Science & Technology, 43(8): 2680-2687.

Su M, Yang Z, Chen B, et al. 2009. Urban ecosystem health assessment based on emergy and set pair analysis: a comparative study of typical Chinese cities. Ecological Modelling, 220(18): 2341-2348.

Su M R, Chen L, Chen B, et al. 2012. Low-carbon development patterns: observations of typical Chinese cities. Energies, 5: 291-304.

Tan L M, Arbabi H, Li Q, et al. 2018. Ecological network analysis on intra-city metabolism of functional urban areas in England and Wales. Resources, Conservation and Recycling, 138: 172-182.

Tan Q L, Liu Y, Ye Q. 2020. The impact of clean development mechanism on energy-water-carbon nexus optimization in Hebei, China: a hierarchical model based discussion. Journal of Environmental Management, 264(C): 110441.

Tang M H, Hong J, Guo S, et al. 2021. A bibliometric review of urban energy metabolism: evolutionary trends and the application of network analytical methods. Journal of Cleaner Production, 279: 123403.

Tang M, Hong J, Wang X, et al. 2020. Sustainability accounting of neighborhood metabolism and its applications for urban renewal based on emergy analysis and SBM-DEA. Journal of

Environmental Management, 275: 111177.
Tansley A G. 1935. The use and abuse of vegetational concepts and terms. Ecology, 16(3): 284-307.
Tarroja B, AghaKouchak A, Sobhani R, et al. 2014. Evaluating options for balancing the water-electricity nexus in California: Part 1: securing water availability. Science of the Total Environment, 497-498: 697-710.
Tichy N M, Tushman M L, Fombrun C. 1979. Social network analysis for organizations. Academy of Management Review, 4(4): 507-519.
Turnbull J C, Miller J B, Lehman S J, et al. 2006. Comparison of $14CO_2$, CO and SF6 as tracers for determination of recently added fossil fuel CO_2 in the atmosphere and implications for biological CO_2 exchange. Geophysical Research Letters, 33: L01817.
Turner K, Lenzen M, Wiedmann T, et al. 2007. Examining the global environmental impact of regional consumption activities — Part 1: a technical note on combining input-output and ecological footprint analysis. Ecological Economics, 62(1): 37-44.
Ulanowicz R E. 1972. Mass and energy flow in closed ecosystems. Journal of Theoretical Biology, 34(2): 239-253.
Ulanowicz R E. 1983. Identifying the structure of cycling in ecosystems. Mathematical Biosciences, 65(2): 219-237.
Ulanowicz R E. 1986. Growth and development: ecosystems phenomenology. New York: Springer.
Ulanowicz R E. 2004. Quantitative methods for ecological network analysis. Computational Biology and Chemistry, 28(5/6): 321-339.
Ulanowicz R E, Abarca-Arenas L G. 1997. An informational synthesis of ecosystem structure and function. Ecological Modelling, 95(1): 1-10.
Ulanowicz R E, Goerner S J, Lietaer B, et al. 2009. Quantifying sustainability: resilience, efficiency and the return of information theory. Ecological Complexity, 6(1): 27-36.
Ulanowicz R E, Norden J S. 1990. Symmetrical overhead in flow networks. International Journal of Systems Science, 21(2): 429-437.
Ulanowicz R E, Wolff W F. 1991. Ecosystem flow networks: loaded dice?. Mathematical Biosciences, 103(1): 45-68.
UN. 2015a. The Paris Agreement. New York: UN.
UN. 2015b. Transforming our world: the 2030 agenda for sustainable development. New York: UN.
UN. 2015c. Sustainable development goals: 17 goals to transform our world. New York: UN.
UN. 2018. World urbanization prospects: the 2018 revision. New York: UN.
UN DESA. 2022. World Urbanization Prospects: The 2022 Revision. New York: UN DESA.
UN HABITAT. 2016. SDG Goal 11 Monitoring Framework.Nairobi: UN HABITAT.
UN HABITAT. 2011. Global Report on Human Settlements 2011: Cities and Climate Change. United Nations Human Settlements Program, Earthscan. Nairobi: UN HABITAT.
UNESO. 2014. World Water Development Report 2014: Water and Energy. Paris: UNESO.
UNFCC. 2015. The paris agreement. https://unfccc.int/process-and-meetings/the-paris-agreement/the-paris-agreement[2022-10-24].
US EPA. 2012. Energy efficiency for water and wastewater utilities e sustainable infrastructure. Washington D C: US EPA.
van Soest H L, den Elzen M G J, van Vuuren D P. 2021. Net-zero emission targets for major emitting countries consistent with the Paris Agreement. Nature Communications, 12(1): 2140.
Venkatesh G, Chan A, Brattebø H. 2014. Understanding the water-energy-carbon nexus in urban water utilities: comparison of four city case studies and the relevant influencing

factors. Energy, 75: 153-166.

Wachsmuth D. 2012. Three ecologies: urban metabolism and the society-nature opposition. The Sociological Quarterly, 53(4): 506-523.

Wafaa B, Nicole G, Claudiane O-P, et al. 2017. The ecological footprint of mediterranean cities: awareness creation and policy implications. Environmental Science & Policy, 69: 94-104.

Walker R V, Beck M B, Hall J W, et al. 2014. The energy-water-food nexus: strategic analysis of technologies for transforming the urban metabolism. Journal of Environmental Management, 141: 104-115.

Wang S, Chen B. 2016. Energy–water nexus of urban agglomeration based on multiregional input–output tables and ecological network analysis: a case study of the Beijing–Tianjin–Hebei region.Applied Energy, 178: 773-783.

Wang S, Liu Y, Cao T, et al. 2016. Inter-country energy trade analysis based on ecological network analysis. Energy Procedia, 104: 580-584.

Wang X, Lan Y, Xiao J. 2019a. Anomalous structure and dynamics in news diffusion among heterogeneous individuals. Nature Human Behaviour, 3(7): 709-718.

Wang X, Li Y, Liu N, et al. 2020. An urban material flow analysis framework and measurement method from the perspective of urban metabolism. Journal of Cleaner Production, 257: 120564.

Wang X, Zhang Y, Yu X. 2019b. Characteristics of Tianjin's material metabolism from the perspective of ecological network analysis. Journal of Cleaner Production, 239: 118115.

Warren-Rhodes K, Koenig A. 2001. Escalating trends in the urban metabolism of Hong Kong: 1971-1997. Ambio, 30 (7): 429-438.

Wasserman S, Faust K. 1994.Social network analysis: methods and applications. London: Cambridge University Press.

Webster M, Donohoo P, Palmintier B. 2013. Water-CO_2 trade-offs in electricity generation planning. Nature Climate Change, 3(12): 1029-1032.

White D J, Hubacek K, Feng K, et al. 2018. The water-energy-food nexus in East Asia: a tele-connected value chain analysis using inter-regional input-output analysis. Applied Energy, 210: 550-567.

Wiedmann T, Lenzen M. 2018. Environmental and social footprints of international trade. Nature Geoscience, 11(5): 314-321.

Wiedmann T, Lenzen M, Turner K, et al. 2007. Examining the global environmental impact of regional consumption activities — part 2: review of input-output models for the assessment of environmental impacts embodied in trade. Ecological Economics, 61(1): 15-26.

Wigginton N S, Fahrenkamp-Uppenbrink J, Wible B, et al. 2016. Cities are the future. Science, 352(6288): 904-905.

Wolman A. 1965. The Metabolism of cities. Scientific American, 213(3): 178-190.

WRI, WBCSD. 2004. The greenhouse gas protocol: a corporate accounting and reporting standard. Washington D C: WRI, WBCSD.

Wu B, Zeng W H, Chen H H, et al. 2016. Grey water footprint combined with ecological network analysis for assessing regional water quality metabolism. Journal of Cleaner Production, 112: 3138-3151.

Wu H J, Yuan ZW, Zhang L, et al. 2012. Eutrophication mitigation strategies: perspectives from the quantification of phosphorus flows in socioeconomic system of Feixi, Central China. Journal of Cleaner Production, 23: 122-137.

Xia C, Li Y, Xu T, et al. 2018. Quantifying the spatial patterns of urban carbon metabolism: a case study of Hangzhou, China. Ecological Indicators, 95: 474-484.

Xia L, Fath B D, Scharler U M, et al. 2016. Spatial variation in the ecological relationships among the components of Beijing's carbon metabolic system. Science of the Total

Environment, 544: 103-113.

Xia L, Zhang Y, Wu Q, et al. 2017. Analysis of the ecological relationships of urban carbon metabolism based on the eight nodes spatial network model. Journal of Cleaner Production, 140: 1644-1651.

Xiang W N. 2013. Working with wicked problems in socio-ecological systems: awareness, acceptance, and adaptation. Landscape and Urban Planning, 110: 1-4.

Xiao L S, Huang S, Ye Z L, et al. 2021. Identifying multiple stakeholders' roles and network in urban waste separation management: a case study in Xiamen, China. Journal of Cleaner Production, 278: 123569.

Xu Y C, Li X H, Ren K, et al. 2021. Structures of urban carbon cycle based on network indicators: cases of typical cities in China. Journal of Cleaner Production, 282(3): 125405.

Yang J, Chen B. 2016. Energy-water-nexus of wind power generation systems. Applied Energy, 169: 1-13.

Yang X, Wang Y, Sun M, et al. 2018. Exploring the environmental pressures in urban sectors: an energy-water-carbon nexus perspective. Applied Energy, 228: 2298-2307.

Yang Z, Mao X, Zhao X, et al. 2012. Ecological network analysis on global virtual water trade. Environmental Science & Technology, 46(3): 1796-1803.

Yu B, Wei Y, Gomi K, et al. 2018. Future scenarios for energy consumption and carbon emissions due to demographic transitions in Chinese households. Nature Energy, 3(2): 109-118.

Zhai M, Huang G, Liu L, et al. 2019. Ecological network analysis of an energy metabolism system based on input-output tables: model development and case study for Guangdong. Journal of Cleaner Production, 227: 434-446.

Zhang B, Chen G Q. 2010. Physical sustainability assessment for the China society: exergy−based systems account for resources use and environmental emissions. Renewable and Sustainable Energy Reviews, 16(4): 1527-1545.

Zhang C, Anadon L D. 2013. Life cycle water use of energy production and its environmental impacts in China. Environmental Science & Technology, 47(24): 14459-14467.

Zhang C, Anadon L D, Mo H, et al. 2014. Water−carbon trade-off in China's coal power industry. Environmental Science & Technology, 48(19): 11082-11089.

Zhang C, Zhong L, Wang J. 2018. Decoupling between water use and thermoelectric power generation growth in China. Nature Energy, 3(9): 792-799.

Zhang M, Wang S, Fu B, et al. 2019a. Structure disentanglement and effect analysis of the arid riverscape social-ecological system using a network approach. Sustainability, 11(19): 5159.

Zhang Y, Li S, Fath B D, et al. 2011. Analysis of an urban energy metabolic system: comparison of simple and complex model results. Ecological Modelling, 223(1): 14-19.

Zhang Y, Li Y, Hubacek K, et al. 2019b. Analysis of CO_2 transfer processes involved in global trade based on ecological network analysis. Applied Energy, 233/234: 576-583.

Zhang Y, Yang Z, Fath B D, et al. 2010a. Ecological network analysis of an urban energy metabolic system: model development, and a case study of four Chinese cities. Ecological Modelling, 221(16): 1865-1879.

Zhang Y, Yang Z, Fath B D. 2010b. Ecological network analysis of an urban water metabolic system: model development, and a case study for Beijing. Science of Total Environment, 408: 4702-4711.

Zhang Y, Yang Z, Yu X. 2009. Evaluation of urban metabolism based on emergy synthesis: a case study for Beijing (China). Ecological Modelling, 220(13): 1690-1696.

Zhao W. 2012. Analysis on the characteristic of energy flow in urban ecological economic system: a case of Xiamen city. Procedia Environmental Sciences, 13: 2274-2279.

Zheng H M, Wang X J, Li M J, et al. 2018. Interregional trade among regions of urban energy metabolism: a case study between Beijing-Tianjin-Hebei and others in China. Resources, Conservation & Recycling, 132: 339-351.

Zheng S, Wang J, Sun C, et al. 2019. Air pollution lowers Chinese urbanites' expressed happiness on social media. Nature Human Behaviour, 3(3): 237-243.

Zhou Y, Li H, Wang K, et al. 2016. China's energy-water nexus: spillover effects of energy and water policy. Global Environmental Change, 40: 92-100.

Zhu X T, Mu X Z, Hu G W. 2019. Ecological network analysis of urban energy metabolic system: a case study of Beijing. Ecological Modelling, 404: 36-45.

Ziebell A C, Singh V K. 2018. Energy indicator in sustainable urban energy metabolism and challenges. Proceedings of the Institution of Civil Engineers Energy, 171(1): 26-31.